农业职业培训系列用书

果茶桑园艺工培训教材

『果类』

浙江省农业教育培训中心 编

中国农业科学技术出版社

图书在版编目（CIP）数据

果茶桑园艺工培训教材.果类/浙江省农业教育培训中心编.— 北京：中国农业科学技术出版社，2014.8
（农业职业培训系列用书）
ISBN 978-7-5116-1767-5

Ⅰ.①果… Ⅱ.①浙… Ⅲ.①果树园艺－技术培训－教材
Ⅳ.①S66

中国版本图书馆CIP数据核字（2014）第172556号

责任编辑　闫庆健　范　潇
责任校对　贾晓红

出 版 者　中国农业科学技术出版社
　　　　　北京市中关村南大街12号　邮编：100081
电　　话　（010）82106632（编辑室）　（010）82109704（发行部）
传　　真　（010）82106625
网　　址　http://www.castp.cn
经 销 者　各地新华书店
印 刷 者　北京富泰印刷有限责任公司
开　　本　787mm×1092mm　1/16
印　　张　11.25
字　　数　213千字
版　　次　2014年8月第1版　2014年8月第1次印刷
定　　价　28.00元

农业职业培训系列用书

《果茶桑园艺工培训教材（果类）》
编写人员

主　　编　　吴正阳

副 主 编　　朱顺富　　胡晓东

编写人员　（按姓氏笔画排序）

　　　　　　朱顺富　　朱晓方　　朱福荣　　李培民

　　　　　　吴正阳　　张　智　　张秋红　　孟秀飞

　　　　　　胡晓东　　姜丽英　　顾倩璐　　章钢明

　　　　　　曾新根

审　　稿　　王　涛

前　言

　　水果是浙江省主要经济作物。近年来，生产发展迅猛，已成为浙江农业十大主导产业之一。按照省政府"着力打造'浙江精品果业'，扩大优势水果和珍稀干果规模，提升特色果品竞争力，建立现代果品种业体系，建设精品果品示范基地，加强果品保鲜、运输与加工技术研究，强化品牌建设，拓展果品市场"的要求，大力加强农民培训工作，加大培训力度，提高广大农民对新知识、新技术的认知应用，促使农业科技成果真正转化为生产力，加快实现农业现代化，已成为农业部门的重点工作之一。

　　《果茶桑园艺工培训教材（果类）》是农业职业培训系列教材中的一个分册。该书根据提高广大农民自我发展能力和科技文化综合素质，造就一批有文化、懂技术、善管理、会经营的新型职业农民的要求，参考劳动和社会保障部、农业部制定的《国家职业标准》，结合浙江省域特点，组织相关专家集体编写而成。培训内容主要涉及职业道德、职业守则、专业基础知识和初级工、中级工、高级工不同等级的操作技能要求。其中，第一章、第二章由朱顺富、胡晓东、姜丽英、章钢明撰写；第三章、第四章由李培民、张秋红、曾新根、孟秀飞撰写；第五章、第六章由朱福荣、朱晓方、顾倩璐撰写，最后由吴正阳统稿。《果茶桑园艺工培训教材(果类)》一书，涉及内容广泛，知识普及面广，可供农业职业培训考核、农民个人自学使用。我们相信，随着农业职业培训教材的陆续出版，必将对我国农民培训事业的发展起到积极的作用。

由于编者水平所限，书中难免有不妥之处，敬请广大读者提出宝贵意见，以便进一步修订和完善。

编 者

2014年6月

第三部分　技能操作

第四部分　鉴定试卷实例

第一部分　职业道德

第一章　职业道德基本知识

第一节　职业道德概述

道德是人类社会生活中所特有的，由经济关系决定的，依靠社会舆论、传统习惯和人们的内心信念来维系，并以善恶进行评价的原则规范、心理意识和行为活动的总和。

道德是对人的社会性的自我约束和心理约束意识。不同的社会可以有不同的道德标准，但是任何一个社会的道德标准都是以维护社会的秩序正常运转为目的的，往往代表着社会的正面价值取向，起判断行为正当与否的作用。对道德的维护，实际上就是对人的社会性的维护，需要从宗教、教育和国家机器的作用多方面来实现。道德是社会物质条件的反映，是由一定社会的经济基础所决定，并为一定的社会经济基础服务的一种社会意识形态，是人们共同生活及其行为的准则与规范。社会经济基础的性质决定各种社会道德的性质，有什么样的经济基础，就有什么样的社会道德。

一、职业道德的含义

职业道德就是同人们的职业活动紧密联系的，符合职业特点所要求的道德准则、道德情操与道德品质的总和，它既是对本职人员在职业活动中行为的要求，同时又是职业对社会所负的道德责任与义务。

第一，在内容方面，职业道德总是要鲜明地表达职业义务、职业责任以及职业行为上的道德准则。它不是一般地反映社会道德和阶级道德的要求，而是要反映职业、行业以至产业特殊利益的要求；它不是在一般意义上的社会实践基础上形成的，而是在特定的职业实践的基础上形成的，因而它往往表现为某一职业特有的道德传统和道德习惯，表现为从事某一职业的人们所特有道德心理和道德品质。

第二，在表现形式方面，职业道德往往比较具体、灵活、多样。它总是从本职业的交流活动的实际出发，采用制度、守则、公约、承诺、誓言、条例，以至于标语口号之类的形式，这些灵活的形式既容易为从业人员所接受和实行，而且也容易形成一种职业的道德习惯。

第三，从调节的范围来看，职业道德一方面是用来调节从业人员内部关系，加强职业、行业内部人员的凝聚力；另一方面，它也是用来调节从业人员与其服务对象之间的关系，用来塑造本职业从业人员的形象。

第四，从产生的效果来看，职业道德既能使一定的社会或阶级的道德原则和规范的"职业化"，又使个人道德品质"成熟化"。职业道德虽然是在特定的职业生活中形成的，但它绝不是离开阶级道德或社会道德而独立存在的道德类型。任何一种形式的职业道德，都在不同程度上体现着阶级道德或社会道德的要求。职业道德与各种职业要求和职业生活结合，具有较强的稳定性和连续性，形成比较稳定的职业心理。

二、职业道德的特征

职业性。职业道德的内容与职业实践活动紧密相连，反映着特定职业活动对从业人员行为的道德要求。每一种职业道德都只能规范本行业从业人员的职业行为，在特定的职业范围内发挥作用。

实践性。职业行为过程，就是职业实践过程，只有在实践过程中，才能体现出职业道德的水准。职业道德的作用是调整职业关系，对从业人员职业活动的具体行为进行规范，解决现实生活中的具体道德冲突。

继承性。在长期实践过程中形成的，会被作为经验和传统继承下来。即使在不同的社会经济发展阶段，同样一种职业因服务对象、服务手段、职业利益、职业责任和义务相对稳定，职业行为道德要求的核心内容将被继承和发扬，从而形成了在不同社会发展阶段普遍认同的职业道德规范。

多样性。不同的行业和不同的职业，有不同的职业道德标准。

三、职业道德的作用

职业道德是社会道德体系的重要组成部分，它一方面具有社会道德的一般作用，另一方面它又具有自身的特殊作用，具体表现在：

一是调节职业交往中从业人员内部以及从业人员与服务对象间的关系。职业道德的基本职能是调节职能。它一方面可以调节从业人员内部的关系，即运用职业道德规范约束职业内部人员的行为，促进职业内部人员的团结与合作。如职业道德规范要求各行各业的从业人员，都要团结互助、爱岗敬业、齐心协力地为发展本行业、本职业服务。另一方面，职业道德又可以调节从业人员和服务对象之间的关系。如职业道德规定了农业职业人员要如何对顾客负责；制造产品的工人要如何对用户负责；医生如何对病人负责；教师如何对学生负责等。

二是有助于维护和提高本行业的信誉。一个行业、一个企业的信誉，也就是它们的形象、信用和声誉，是指企业及其产品与服务在社会公众中的信任程度，提高企业的信誉主要靠产品的质量和服务质量，而从业人员职业道德水平高是产品质量和服务质量的有效保证。若从业人员职业道德水平不高，很难生产出优质的产品和提供优质的服务。

三是促进本行业的发展。行业、企业的发展有赖于高的经济效益，而高的经济效益源于高的员工素质。员工素质主要包含知识、能力、责任心3个方面，其中责任心是最重要的。而职业道德水平高的从业人员其责任心是极强的，因此，职业道德能促进本行业的发展。

四是有助于提高全社会的道德水平。职业道德是整个社会道德的主要内容。职业道德一方面涉及每个从业者如何对待职业，如何对待工作，同时也是一个从业人员的生活态度、价值观念的表现；是一个人的道德意识、道德行为发展的成熟阶段，具有较强的稳定性和连续性。另一方面，职业道德也是一个职业集体，甚至一个行业全体人员的行为表现，如果每个行业，每个职业集体都具备优良的道德，对整个社会道德水平的提高肯定会发挥重要作用。

第二节　职业道德守则

农业职业人员作为联系专家与示范户、农户的桥梁和纽带，除了具有一般的职业道德外，还应遵守以下职业守则。

一、遵纪守法，诚信为本

农业职业人员必须带头遵守国家法律法规，努力实践农业法规，做遵纪守法的表率，并结合工作积极宣传；讲信誉，守规矩，做老实人，办老实事，讲老实话；助人为乐，弘扬中华传统美德和社会主义职业道德。

二、爱岗敬业，认真负责

农业职业人员要爱岗敬业、精益求精，工作作风严谨踏实，对待工作认真负责，努力提高自己的业务水平，牢固树立农产品质量安全意识，不怕困难，不辞辛劳，千方百计以提高农产品质量安全为己任，努力争当会做人、会做事、爱学习、能吃苦的好职工。

三、尊重科学，求真务实

农业职业人员在工作中要尊重科学，坚持原则，亲历亲行，尊重群众，一视同仁。以社会主义职业道德规范自己的行为，坚持实事求是的作风，严格按规程操作，履行应承担的责任和义务。

四、吃苦耐劳，无私奉献

农业职业人员要敬业勤恳，无悔付出，不计得失，舍小家顾大家，工作兢兢业业，不叫苦，不怕累，具有强烈的事业心和责任感，一切为农业发展奋斗。

五、团结协作，勇于创新

农业职业人员要牢记"一个人的力量是有限的，集体的力量是无限的"。在工作中，一方面自己要注意提高自己工作的主动性、创新性；另一方面要加强与同行间的团结、协作。做到大事讲原则，小事讲风格。

复习思考题
1.什么是道德？
2.什么是职业道德？
3.职业道德的特征是什么？
4.职业道德有什么作用？
5.农业职业人员应具有怎样的职业守则？

第二部分 基础知识

第一章 专业知识

第一节 果树概述与分类

一、果树概述

（一）**果树的定义** 果树指能生产人们食用的果实、种子及其衍生物的木本或多年生草本植物。世界果树分布在南、北纬60°之间，以北半球温带和亚热带为主要栽培地区。中国有适于各种果树生长、繁衍的自然条件，种质资源丰富，共有59科158属670余种。

（二）**果树栽培** 果树栽培是从果树育苗开始，经建园、管理到果实采收的整个生产过程。

（三）**果树栽培学** 果树栽培学是一门以现代生物科学为基础，研究果树生长发育规律和同外界条件关系，研究丰产、稳产、优质、高效、低耗的技术科学。

（四）**果树生产对国民经济发展的作用** 果树生产对国民经济发展有很大的作用，一是农业是国民经济的基础，果树是农业的重要组成部分。随着人民生活水平的不断提高与国家经济结构的转变，果树生产变得日益重要，它对振兴农村经济、促进农业生产，繁荣市场、发展外贸和提高人民生活水平都具有重要意义。二是发展果树生产不仅能因地制宜利用山地、丘陵地和海涂地等，也有利于保持水土与改善生态环境。三是果品营养丰富，是人民生活的必需品。四是许多果品中的活性物质可预防与治疗疾病，促进人体生长、发育和健康。五是果品除可鲜食外，还可进行加工和提炼有效成分，一些果树还可用于木材加工，增加收益。六是果树生产能改善生态环境，促进人类身心健康。

二、果树的分类

果树种类繁多，有野生果树和栽培型果树，所有栽培型果树又都是经过人类长期栽培驯化而成，为了管理和利用的方便，对其进行分类。果树分类的方法很多，常用的有以下几种。

（一）落叶果树和常绿果树

1. 落叶果树　落叶果树指每年秋季和冬季叶片全部脱落的果树，如苹果、梨、桃、葡萄等。

2. 常绿果树　常绿果树指终年具绿叶的果树。特点是老叶在新叶长出之后脱落。如柑橘、枇杷、杨梅等。

（二）水果类和坚果类果树

1. 水果　水果类果树按果实结构进一步分为以下几种。

（1）仁果类。果实为假果，由花托及萼筒等部分肥大发育而成，其子房壁与心室则形成果心。果实内有多数种子，故称为"仁果"。如苹果、梨、山楂、枇杷等。

（2）核果类。果实由子房发育而成，有明显的外、中、内3层果皮，中果皮为食用部分，内果皮则硬化为坚硬的核，故为核果。包括桃、李、杏、樱桃等。

（3）浆果类。果实具有丰富的浆液，种子小，藏于果实内，如葡萄、猕猴桃、草莓、无花果、蓝莓等。

（4）柑果类。果实为柑果，由子房发育而成，外果皮有很多油胞，内含芳香性油，中果皮疏松呈海绵状，内果皮含有多浆的汁胞，为食用部分。包括橘、甜橙、柚、柠檬等。

（5）荔枝果类。外果皮革质化，食用部分为假种皮。包括荔枝、龙眼等。

（6）聚复果类。果实皆由一个花序发育而成的聚复果。包括桑葚、树菠萝、蕃荔枝等。

2. 坚果　坚果类果树包括核桃、板栗、银杏等。

（三）多年生草本果树和木本果树

1. 多年生草本果树　多年生草本果树茎内木质部不发达，具有草本植物形态，一般地上部在生长季结束后死亡。包括草莓、香蕉、菠萝等。

2.木本果树

（1）乔木果树。主干明显而直立，树体高大。如苹果、梨等。

（2）灌木果树。主干矮小不明显，从地面分枝呈丛生状。如无花果、刺梨、树莓、醋栗等。

（3）藤本果树。茎细长，蔓生不能直立，具缠绕攀缘特性。如葡萄、猕猴桃等。

（四）寒带、温带、亚热带和热带果树

1.寒带果树　寒带果树指能耐 -40℃以下的低温，适宜在寒带地区栽培的果树。如树莓、榛子、秋子梨、山葡萄等。

2.温带果树　温带果树适宜在温带地区栽培，多为落叶果树，耐 -20℃ ~ -30℃低温，休眠期需要一定的低温。如苹果、梨、桃、杏、樱桃等。

3.亚热带果树　能耐 0℃左右低温，通常需要短时间的冷凉气候以促进开花结果，适宜在亚热带地区栽培的既有常绿果树，也有落叶果树。如柑橘、荔枝、龙眼、枇杷、杨梅、无花果、猕猴桃等。

4.热带果树　热带果树适宜在热带地区栽培的常绿果树，能耐高温、高湿，常具有老茎生花的特点。如香蕉、菠萝、芒果、椰子等。

复习思考题

1.什么叫果树？

2.常见的落叶果树有哪些？

3.水果按果实结构可以分几类？

第二节　果树的栽培学特性

一、果树的生物学特性

果树栽培必须了解果树的生长发育特点，包括果树不同年龄时期和年周期的生长结果特点。整形修剪更直接的是与枝、芽有关。因此，了解枝、芽生长特性、结果习性，更是整形修剪必备的基础知识。

（一）树体结构　果树树体由地上部分和地下部分组成，二者的交界处为根颈。地下部分为根系，地上部分包括主干和树冠。树冠则由骨干枝、结果枝组和叶幕组成。

1.果树的地上部分

（1）树干。是树体的中轴，分为主干和中心领导干。

主干：从根颈以上到第一分枝之间的部分称主干。

中心领导干：主干以上到树顶之间的部分称中心干或中心领导干。有些树体有主干但没有中心领导干。

（2）树冠。主干以上由茎反复分枝构成树冠。衡量树冠，一般以树形、树高、冠径，以及骨干枝的数量、结构和分布为标志。树形是指树冠的形态，树高是从根颈或地面到树冠顶端的距离，冠径是指树冠东西和南北的距离。

（3）主枝与侧枝。在树冠内起骨架作用的永久性大枝，分为主枝与侧枝。

主枝：指着生在中心干上的骨干枝（一级骨干枝）。

侧枝：指着生在主枝上的骨干枝（二级骨干枝），但不是所有果树都有二级骨干枝。

（4）结果枝组。直接着生在各级骨干枝上，有两次以上分枝，不断发展变化的，大小不一的枝群，是果树生长结果的基本单位。枝组的配置是否合理是稳产高产的关键。

（5）叶幕。叶片在树冠中的集中分布。

2. 果树的地下部分　果树的地下部分主要是根系。果树的根具有固着、吸收、贮藏和输导的功能，还能合成营养物质及激素等生理活性物质。

（二）芽和枝

1. 芽的种类　芽是由枝、叶、花的原始体和生长点，过渡叶、苞片和鳞片构成的。只含叶原基的为叶芽，萌发后形成新梢。含有花原基的为花芽，花芽萌发后开花结果。依着生位置可将芽分为顶芽和侧芽。顶芽着生在新梢的顶端，萌发早、生长好。侧芽着生在新梢侧方的叶腋间，又称腋芽。

2. 新梢的种类　芽萌发后长出的带叶新枝直到落叶前称为新梢。新梢落叶后为一年生枝，一年生枝上的芽次年又抽生新梢，原来的一年生枝就转化为二年生枝。新梢叶腋当年又萌发出的分枝称为二次枝或一次副梢；二次枝当年又萌发出的分枝称为三次枝或二次副梢。新梢则又可分为春、夏、秋梢三段。

果树一年生枝可分为营养枝和结果枝两类。凡未着生花芽的枝为营养枝，凡是着生花芽的枝为结果枝。

3. 新梢的生长特征

（1）顶端优势。顶端优势是指同一枝条上部的芽、枝生长势力强，向下依次减弱的现象，也可叫做极性。顶端优势强弱，受品种、树龄、枝条着生部位及着生姿势等因子的影响。幼、旺树的顶端优势强于老弱树；直立枝强于斜垂枝。生产实践中可利用果树顶端优势的特性整形修剪。

（2）垂直优势。垂直优势是指树冠内直立枝生长最旺，斜生枝次之，水平枝再次，下垂枝生长最弱的现象，是枝条背地生长的表现。这在果树栽培中，往往造成枝条徒长，树冠郁闭，消耗大量的树体营养。利用这种枝条垂直生长优势，可以进行嫁接，以满足生产需要。

（3）树冠的层性。树冠的层性是指中心主枝上的芽萌发为强壮的枝梢，中部的芽萌发为较短的枝梢，基部的芽多数不萌发抽枝。以此类推，从苗木开始逐年生长，强枝成为主枝，弱枝死亡，主枝在树干上成层状分布。

（三）果树根系

1.根系的构成　果树根系由主根、侧根和须根构成。

（1）主根。种子萌发时，胚根最先突破种皮，向下生长而形成的根称为主根，又称初生根。主根生长很快，一般垂直插入土壤，成为早期吸收肥水和固着的器官。

（2）侧根。当主根继续发育，到达一定长度后，从根内部维管柱周围的中柱鞘和内皮层细胞分化产生与主根有一定角度，沿地表方向生长的分支称为侧根。侧根与主根共同承担固着、吸收及贮藏功能，统称骨干根。在主、侧根生长过程中，侧根上会产生次级侧根，与主根一起形成庞大的根系，此类根系称为直根系。

（3）须根。侧根上形成的细小根称为须根，按其功能和结构不同又可分为生长根、吸收根、过渡根和输导根等。

2.根系的分布　根系在土壤中的分布为水平分布和垂直分布两种。一般沿土壤表面平行生长的根叫水平根。果树水平根系主要起吸收营养和扩大根系分布范围的作用，因而分布范围较广，且分布于较浅的土层中。

垂直根一般垂直于地面而生长，主要起固定作用。垂直根是与土表基本呈垂直方向的根系。其深度因品种、砧木、土层厚度及其理化性质不同而异。常见果树中，核桃、柿根系最深，其次为苹果、梨、葡萄、枣、桃、杏、石榴。矮化砧木根系一般分布较浅。垂直根生长在土层瘠薄的山地以及在土层薄、地下水位高的滩地，受土壤条件的制约，一般分布较浅，根系发育较差。

3.根系的生长

（1）根系年生长特性。春季，土壤温度上升到1~2℃时果树根系开始生长；温度为20~28℃时，果树根系生长的速度最快；温度为30℃以上时，果树根系生长速度减缓或停滞。果树根系在年生长周期中由于不发生自然休眠，只要环境条件适合就会持续不断生长。受环境条件、遗传条件等的影响，果树根系的生长也呈现出一些周期性的特点，经历着发生、发展、衰老、更新与死亡的生命过程。

一般幼年果树的根系，由于树体萌动相对较晚，其根系一般在年周期中会出现两次高峰期。第一次高峰期从春梢停止生长开始到秋梢开始生长前，根系生长达到高峰期，此期是根系发生数量最多的时期。第二次高峰期是枝条停止生长至落叶前，根系生长又达到一个新的峰值。结果树的根系在年生长周期中有三个峰值，即萌芽前到开花时出现一个高峰期，其余的两次高峰与幼果树出现的时期一样。这主要是由于树体内部贮藏的养分有限，不能满足开花结果对大量营养的需求，只能依靠加强根系的活动加以补充。根系在春梢停止生长开始到秋梢开始生长前达到最高峰，是果树花芽分化的需要。枝条停止生长至落叶前的高峰期，是果树为抵御不良环境加强树体的贮存养分的需要。

（2）根系生命周期生长特性。果树在生长的幼年阶段，根系的生长也同地上部分一样以扩冠为主，尤其是在定植后的2~3年间以垂直根的生长为主，至结果盛期，根冠达到最大值。而后，由于器官间的相互作用及树上与地下关系的失调，导致树体骨干根自疏更新加剧。生命后期由于根冠分布的逐渐减少，从而加速了地上部分的衰亡，最终导致树体逐步死亡。

二、果树的生长周期

（一）果树的生命周期　果树的生命周期，是指从幼苗定植到衰老死亡的全部历史时期。果树在其整个生命周期中，一般要经历幼树、结果和衰老3个时期。

1. 幼树期　幼树期是指从苗木定植到开花结果这段时期。幼树期的特点是，树体迅速扩大，开始形成骨架，新梢生长量大，地上部分和根系的离心生长都较旺盛，且根系的生长快于地上部分，叶片光合面积增大，树体营养积累增多，为开花结果奠定基础。幼树期的长短，因树种、品种和砧木不同而异。幼树期的长短还与栽培技术密切相关，扩穴施肥增强根系，生长调节剂的使用等能扩大营养面积，这些可增进营养积累的技术措施都能够缩短果树幼树期。

2. 结果期

（1）结果初期。结果初期是指从开始结果到大量结果前这段时期。结果初期的特点是枝条生长旺盛，离心生长强，分枝大量增加。根系继续扩展，须根大量发生，结果部位常在树冠外围中上部的长、中枝上。果实味淡、品质较差，不耐贮藏。

（2）盛果期。盛果期是指果树进入大量结果的时期，即从有一定的产量开始，经过高产、稳产，到产量开始显著下降之前这段时期。这个时期果树的树冠和根系均已扩大到最大，骨干枝离心生长缓慢，枝叶生长量减小。营养枝减少，结果枝大量增加，可形成大量花芽，产量达到高峰。果实的大小、形状、品质完全显示出该品种的特性。在盛果期后期，树冠下部和内部枝条开始衰老，结果部位上移或外移，易出现局部交替结果现象。枝条内部空虚部位发生少量的徒长枝，须根开始衰老死亡。

3. **衰老期**　衰老期是指果树从产量降低到几乎无经济效益时开始，到大部分植株不能正常结果以及死亡时为止。衰老期的特点是结果的小枝越来越少，骨干枝、骨干根大量衰亡，病虫害加重。尤其是过于衰老的植株已无更新复壮的能力。这个时期应考虑砍伐清园，刨出树根，另建新园。

（二）果树的年生长周期

1. **年生长周期**　一年中，果树随着外界环境条件的变化，通过萌芽、开花结果、根系和新梢生长、组织成熟和休眠，其营养物质的合成、输导、分配和积累等，都形成一定的规律。

2. **物候期**　物候期是指与季节性气候变化相适应的果树器官的动态变化时期，果树的物候期主要包括生长期和休眠期。

（1）生长期。生长期内果树主要进行根系生长、新梢生长、开花、果实发育和花芽分化等，包括的物候期主要有萌芽期、开花期、新梢生长期、花芽分化期、果实发育期等。

①萌芽期。萌芽是果树周年生长发育过程中由休眠转向生长的标志，主要指芽膨大、鳞片绽开到幼叶分离时期。萌芽期果树生长发育以消耗贮藏营养为主，根系活动早于地上枝芽。随根系生长和气温升高，树液上运，芽体逐渐膨大绽裂。而花芽分化则在开花前依靠消耗贮藏营养形成花粉和胚囊等性器官。

②开花期。果树从花蕾迅速膨大、开花到花瓣脱落的时期。又可细分为初花期（5%的花开放）、盛花期（25%以上的花开放）、盛花末期（75%的花开放）和终花期（花瓣全部谢落）4个时期。

③新梢生长期。新梢开始生长到顶芽形成时期。新梢和花序开始生长后，相继进入第一个生长高峰。新梢、叶片和花序迅速增长主要依靠树体内的贮藏养分。

④花芽分化期。果树从芽出现到芽内雌雄蕊形成时期。一般是生长停止早的短枝顶芽开始分化早，长枝顶芽及叶腋间芽分化较迟；营养条件良好、水分充足的分化期长，营养不良和干旱常促使花芽过早停止分化。

⑤果实发育期。即从花受精、果实肥大到果实成熟时期。一般分3个阶段，即幼果期、种子形成期和果实膨大期。3个阶段的早晚、长短，受树种、品种、树龄、砧木、环境条件和栽培技术的影响。

（2）休眠期。果树的休眠是指果树的生长发育暂时的停顿状态，它是为适应不良环境如低温、高温、干旱等所表现的一种特性。落叶是果树进入休眠的标志。休眠期内，果树叶片脱落，枝条变色老化，地上部没有任何生长发育的表现，地下部根系在适宜的条件下可以维持微弱的生长。

休眠期贮藏养分充足，落叶果树无叶、无果，操作方便，是适宜的主要修剪时期，可进行细致修剪，全面调节；开花坐果时，消耗营养多，枝梢生长旺，营养生长和开花坐果存在着养分竞争，摘心、环剥、喷洒植物生长延缓剂，能使营养分配转向有利于开花坐果；花芽分化期前进行扭梢、环剥、摘心等夏剪措施，可促进花芽分化；夏、秋梢停长期，疏除过密枝梢，能改善光照条件，提高花芽质量。幼树在秋季对正在生长新梢进行适度摘心，有利枝条组织成熟，能提高抗寒越冬能力。总之，一方面要根据果树年周期生长发育特点进行夏剪；另一方面，夏季修剪对年周期生长节奏有明显影响，在一定时间内，对营养物质的疏导和分配有很强的调节作用，并可改变激素的产生和相互平衡关系，用以调节生长和结果的矛盾。

复习思考题
1. 果树树体结构是由哪几部分构成？
2. 果树的生命周期分几个时期？
3. 果树的物候期主要包括哪几个时期？

第三节　果树的栽培管理

一、果园建设

(一)园地选择　选择果树园地时，应根据各种果树对生态环境的不同要求，合理布局和利用。除选择交通方便、坡向适宜、土层较深、土质疏松、排灌方便的低山缓坡地建园外，特别应注意各种果树对气候、土壤的要求，有针对性地进行选地，如柑橘、枇杷等喜温怕冻的果树，宜选择海拔较低的南坡地建园；杨梅、猕猴桃比较耐阴，可在北坡地或山谷地建园；桃、柿等喜光性果树宜选择日照好的南坡、上坡，而不宜于谷地或北坡建园；杨梅耐酸，可在 pH 值较低的红壤地上建园。

在进行果园的选址时，务必要远离火电、钢铁、水泥、石化、化工、有色金属冶炼等高污染企业以及废旧电器拆解场所等污染源。这些场所会大量产生三废(废气、废水和废渣)，工业废气、烟尘排放后沉降在地面，直接污染土壤和果面。工业废水直接污染土壤。工业废渣中含有水溶性的污染物，如镉、汞、砷、铅、锌、铬等，经雨水淋洗直接渗入土壤，就造成土壤耕作层中重金属积累严重超标，果树吸收后会在果品中积累，人们食用后将对人体健康造成很大的危害。而且重金属的污染是不可逆转的，治理难度很大。

因此，在进行果园的选址时，务必要远离这些污染源。同时，选址远离公路、铁路、港口、码头、车站等交通要道，在无污染或虽有轻微污染但已经治理的适宜区建园。

（二）园地规划

1. **果园划区** 建园面积较大时，为便于水土保持和经营，应把全园划分成若干种植区，划分小区应以品种、品系按山头坡向划分，最好不要跨越分水岭。若地形复杂，小区面积可以小一些，一般为 1~2hm²；若为缓坡地，小区面积以 2~3hm² 为宜；若为平川地，小区面积可大些，一般以 3~6hm² 为宜。

小区形状可根据果园具体情况而定，一般以长方形为宜。若在山区，小区长边应与等高线平行或与等高线的弯度相适应；若是梯田，果园应以坡、沟为单位小区。

2. **道路规划** 道路规划应以便于交通运输和果园管理为原则，由干路、支路和小路三级组成。干路路宽以能通汽车为原则，5~6m。支路路宽以能通小型拖拉机为标准，2~3m。小路路宽 1~1.5m。

3. **建筑物规划** 果园建筑物，包括办公场所、生活区、畜牧场、仓库、工具房、包装场、贮藏库等，这些都要安排在交通方便的地方。另外，还要考虑粪池、沤肥坑和蓄水池的建设，以方便施肥、灌水和用药。

4. **栽植品种的规划** 主要是根据各类不同果树对生态的要求进行合理的规划布局，如桃树应在山的东南面，杨梅应安排在山的西北面，梨树、葡萄可种在山下。同一果树应根据不同品种进行布局，早熟品种种山上，晚熟品种种山下，对抗旱和管理都有好处，此外，许多果树有自花不实和雄蕊败育的现象，应注意授粉品种的配置，以促进果树的优质高产。

5. **设置防护林** 防护林能阻挡气流，降低风速，减少风害，减少土壤水分蒸发，减少地面径流，调节温度，增加湿度，改善小气候等。所以，防护林可以栽在果园的四周。山地果园可栽在沟谷两边或分水岭上。

（三）果树定植

1. **定植时期** 浙江果树春秋两季均可栽植。常绿果树易遭冻害或因低温不能萌发新根而干死，故以春栽为主；落叶果树则以落叶后秋栽为宜。春栽在萌芽前进行，秋栽在 11 月间进行为多。由于秋栽根系早恢复，生长要比春栽好。营养袋育苗全年均可定植。

2. **定植密度** 栽植密度应根据品种特性、营养生长期的长短、砧木种类、果园地势、土壤、气候条件和管理水平等诸多因素考虑确定。柑橘类（3~3.5）m×4m，桃、梨、李 4m×4m，杨梅、板栗、柿等 5m×5m。

合理的栽植密度应以最充分利用土地和光照、获得最大的经济效益为标准。一般生长势强的品种，所处地区营养生长期长，地势平坦，土壤肥沃，肥水充足，栽植的密度应小些。而在贫瘠地土地上，栽植的密度应大些。

3. 定植方式 定植方式应本着经济利用土地、便于田间管理的原则，并结合当地自然条件和品种的生物学特性来决定定植方式。常见的定植方式有以下几种。

（1）长方形栽植。大多数果树树种采用长方形栽植，因为长方形栽植的行距大于株距，通风透光好，便于管理和机械化操作。

（2）正方形栽植。正方形栽植是行距和株距相同的栽植方式，虽然此法便于管理，但不易用于密植和间作。

（3）三角形栽植。三角形栽植是株距大于行距，定植穴互相错开成为三角形的栽植方式，此方式适用于山区梯田地和树冠小的品种，但不便管理和机械化操作。

（4）等高栽植。山地果园多为水平梯田，其株行距应按梯田的宽窄而定。株距要求在同一等高线上，行距可根据梯田面的宽度进行加行或减行。

4. 定植方法 首先根据定植密度和方式用拉绳或皮尺依株行距测定的方法来确定定植位置，然后挖深定植穴或定植沟，定植穴和定植沟的深度和直径（宽度）根据立地条件而定。一般山地果园以定植穴为宜，深度和直径均在1m左右；平地果园往往地下水位高，可挖成定植沟以利排水，定植沟深度以不超过地下水位为宜。定植穴（沟）内施入腐熟有机肥，填土至高于地表，做成20~30cm高的土墩。

定植时先将苗木放入穴内，再把混有腐熟有机肥的表土填入根部，边填土边舒根。土盖满根部后，将苗木略加摇晃，轻轻提起，使根部舒展，并使根部与土壤紧密结合。然后继续填土踏实。如果是带土球的果苗，直接将苗放入穴中，填土后浇水即可，注意不能将土球压散。要浅栽植，即嫁接口应露出地面1~2cm（但杨梅应深种）。

定植后浇足定根水，然后表面复以松土防蒸发，并盖上稻草或地膜等覆盖物。定植后半个月内应经常浇水，保持土壤湿润，直到成活。

二、果园肥水管理

(一)果园施肥

1. 果树施肥时期

（1）基肥施用时期。基肥以有机肥料为主，是可以在较长时期内供给果树多种养分的基础肥料。秋季施基肥正值根系生长高峰，伤根容易愈合，施肥时切断一些细小根，还起到根系修剪的作用，可以促发新根。故要每年都施用基肥为好。

（2）追肥施用时期。一是萌芽肥。果树萌芽开花需要消耗大量营养物质，但早春土壤温度较低，吸收根发生较少，吸收能力也较差，果树主要消耗树体贮存的养分，此时若树体营养水平较低，氮肥供应不足，则会导致大量落花落果，严重时还影响营养生长，对树体不利。二是花后追肥。这次肥是在落花后坐果期施用的，也是果树需肥较多的时期，此时幼果生长迅速，新梢生长加速，二者都需要氮肥营养。一般花前肥和花后肥可以互相补充，如花前追肥量大，花后也可不施。三是果实膨大和花芽分化期追肥。此时部分新梢停止生长，追肥有利于果实膨大和花芽分化，既保证了果树当年的产量，又为来年结果打下了基础，对克服大小年结果也有作用。这次施肥应注意氮、磷、钾适当配合。四是果实生长后期追肥。这次肥主要解决大量结果造成树体营养物质亏缺和花芽分化的矛盾。尤以晚熟品种后期追肥更为必要。

2. 常用施肥技术

（1）土壤施肥。土壤施肥技术主要有以下几种。

①环状施肥。环状施肥又叫轮状施肥，是在树冠外围稍远处挖环状沟施肥。挖沟易切断水平根，施肥范围较小，一般多用于幼树。还有将环状中断成 3~4 段，称猪槽式施肥，此法较环状施肥对根的伤害较小，隔次更换施肥位置，可以扩大施肥部位。

②放射沟施肥。这种方法一般较环状施肥对根的伤害少，但挖沟时也要躲开大根。可以隔年或隔次更换辐射沟位置，扩大施肥面，促进根系吸收。

③条沟施肥。在果树行间、株间或隔行开沟施肥，也可结合深翻进行。这种施肥方式较便于采用机械化施肥。

④穴施。以果树的树干为中心，在树冠四周挖 6~7 个直径 30~40cm 的穴，肥料施入后混土、覆土。此方法适合于坡度较大的果园。

⑤全园施肥。在成年果树或密植果园中，果树根系已布满全园时大多采用此方法。即将肥料均匀地撒入园内土中。此法若与放射沟施肥隔年更换，可互补不足，发挥肥料的最大效用。

⑥灌溉式施肥。灌溉式施肥以与喷灌、滴灌的方式相结合的较多。灌溉式施肥对树冠相接的成年树和密植的果园更为合适。

总之，施肥方法多种多样，且方法不同效果也不一样，应根据果园的具体情况，酌情采用。

（2）根外施肥（见下表）。根外施肥又称叶面施肥。此方法简单易行，用肥量少，发挥作用快，不受树体营养分配中心的影响。根外施肥对解决养分急需和防治缺素症效果明显；可避免磷、钾、铁、锌、硼等营养元素被土壤固定和化学固定，减少肥料损失；可以提高果树光合作用、呼吸作用和酶活性；可与喷施农药或喷灌结合进行。根外施肥要注意以下事项。

①根外施肥一般以阴天10时以前和16时以后空气相对湿度较大时喷施为好。

②喷施部位应选择果树的幼嫩叶片和叶片背面，以增进叶片对养分的吸收，同时应做到均匀、细致、全面。

③肥料和农药混合喷施前要经过试验，以防降低肥效、药效或引起肥害、药害。

④叶面施肥时，要掌握适宜的肥料浓度。

表 根外施肥的肥料种类及适宜浓度

肥料名称	施用浓（%）	肥料名称	施用浓度（%）
N：尿素／硫酸铵／硝酸铵	0.3~0.5	Ca：氯化钙	1~2
P：过磷酸钙	1~3	Fe：硫酸亚铁	0.1~0.5
K：硫酸钾／氯化钾	0.3~0.5	B： 硼砂 硼酸	0.1~0.25 0.1~0.3
N、K：硝酸钾	0.5~1	Mn：硫酸锰	0.2~0.3
N、Mg：硝酸镁	0.5~0.7	Cu：硫酸铜	0.01~0.05
N、Ca：硝酸钙	0.3~1	Zn： 硫酸锌 草木灰	0.1~0.6 1~6
N、Mo：钼酸铵	0.3~0.6	Mg：硫酸镁	0.3~0.6/0.1~0.3
P、K：磷酸二氢钾 磷酸铵	0.2~0.6 0.3~0.5		

（二）果园灌水

1.灌水

（1）灌水时期的确定。一是按果树不同物候期的需水规律确定灌水时期。在进行果园灌水时，应该把握下面几个物候时期。第一是萌芽前后至开花前。此时土壤中若有充足的水分，可以提高果树萌芽率，促进开花，加强新梢生长。但在果树花期不宜灌水，以免造成大量落果。第二是新梢生长和幼果膨大期。此期是需水的临界期，果树生理机能最旺盛，叶片和新梢容易夺取幼果的水分，容易使幼果失水脱落。如果干旱严重时叶片和新梢还可以从吸收根内夺取水分，影响根系生长。第三是果实迅速膨大期。此时及时灌水，既可以满足果实膨大，同时也可以促进花芽分化，在提高产量的同时，又可形成大量有效的花芽，为连年丰产创造条件。第四是采果前后及休眠期。秋冬干旱地区，此时灌水，可以使土壤储备足够的水分，有助于肥料分解，促进果树来年春季的生长发育。柑橘此期结合施肥灌水，有利于恢复树势，促进花芽分化。二是根据土壤含水量决定灌水。一般认为土壤最大持水量在60%~80%为果树最适宜的土壤含水量。当含水量在50%~60%以下时，持续干旱就要灌水。也可凭经验测含水量，如壤土和沙性土，挖取地表10cm深处的湿土，手握成团不散说明含水量在60％以上，如手握不成团，撒手即应灌水。三是观树看叶决定灌水。中午高温时，看叶片有萎蔫低头现象，过一夜后又不能复原，应立即灌水，否则将会造成很大损失。

（2）灌水量。灌水量一般根据果树根群的分布情况、土质、土壤湿度、降雨情况和灌水方法等而定。一般要求灌水量以完全湿润分布层的土壤，土壤湿度达到田间持水量的60％~80％。

灌水量的计算方法：

①根据不同土壤持水量、灌溉前的土壤湿度、土壤容重、土壤浸润程度，计算出一定面积的灌溉量。

灌水量 =灌溉面积 ×土壤浸润程度 ×土壤容重 ×（田间持水量 −灌溉前土壤湿度）

假设要灌溉1亩（1公顷 =15亩，1亩 ≈ 667平方米，全书同）果园，使1m深度的土壤湿度达到田间持水量，土壤田间持水量为20％，土壤容重为1.25t，灌溉前根系分布层的土壤湿度为15％，灌水量可以计算为：

灌水量 =1×667×1×1.25×（20％−15％ ）= 41.69（t）

每次灌溉前均需测定灌溉前的土壤湿度，而田间持水量、土壤容重、土壤浸润深度等，则可数年测定一次。

②根据果树的需水量和蒸腾量来确定每公顷的需水量。可按以下方法计算：

每公顷需水量 =（ 果实产量 ×干物质％ +枝、叶、茎、根生长量 ×干物质％）× 需水量

假设：柚每公顷产量为60t，果实含水量为85％；一年中根、茎、叶生长量为30t，其含水量为50％；需水量为300t，则：

每公顷需水量 =（ 60000kg ×15％ +30000kg ×50％ ）×300t=7200（ t ）

（3）灌水方法。常见的灌溉方法有如下几种。

①地面沟渠灌溉。地面沟渠灌溉方法主要有：一是沟灌。在有水源的果园，可通过渠道，将水引入果园的排灌系统，进行灌溉。沟灌的优点是，灌溉水经沟底和沟壁渗入土中，对果园土壤浸润比较均匀，而且不会破坏土壤结构，所以是地面灌溉的一种比较合理的方法。二是分区灌溉。用纵横土埂把果园划分成若干小区，引水进行灌溉，也可按每一棵树将果园分成单株小区。分区灌溉适用于平地和水源方便的果园。三是穴灌。在树冠下挖直径约30cm的穴4~8个，深以不伤根为准，引水进行灌溉，然后覆土。穴灌适用于水源缺乏的山地果园。如能加上地膜覆盖，则效果更好。四是树盘灌。以树干为中心，在树冠投影以内以土埂围成圆盘与灌溉沟相通。这种方法适用于干旱果园，用水经济。

②节水灌溉。节水灌溉方法主要有：一是喷灌。喷灌是利用机械将水喷

射呈雾状进行灌溉。喷灌的优点是节省用水，能减少灌水对土壤结构的不良影响，工效高，喷施半径约25m。喷灌还有调节气温、提高空气湿度等改善果园小气候的作用。喷灌的设备，包括水源、动力机械和水泵构成固定的泵站，或利用有足够高度的水源与干管、支管组成。干管、支管埋入土中，喷头装在与支管连接的固定的竖管上。二是滴灌。滴灌是将具有一定压力的水，通过一系列管道和特制的毛管滴头，将水一滴一滴地渗入果树根际的土壤中，使土壤保持最适于植株生长的湿润状态，又能维持土壤的良好通气状态。滴灌还可结合施肥，不断地供给根系养分。三是渗灌。渗灌是借助地下管道系统使灌溉水在土壤毛细管的作用下，自下而上湿润果树根区的灌溉方法，也称地下灌溉。渗灌具有灌水质量好，减少地表蒸发，节省灌溉水量以及节省占地等作用。

2. 排水

（1）排水时间。在果园发生下列情况时，应及时排水。多雨季节或一次降雨量过大时，应明沟排水；河滩地或低洼地果园，地下水位高于果树根系分布层时，必须设法排水；黏重土壤、渗透性差的土壤，透水性差，要有排水设施；盐碱地易发生土壤次生盐渍化，必须利用灌水淋洗，排出果园。

（2）排水方法。果园排水系统由小区内的排水沟、小区边缘的排水支沟和排水干沟组成。排水沟挖在果树行间，把地里的水排到排水干沟中。排水沟的大小、坡降以及沟与沟间的距离，要根据地下水位高低、雨季降雨量的多少而定。

排水支沟位于果园小区边缘，主要作用是把排水沟中的水排到排水干沟中去。排水支沟要比排水沟略深，沟的宽度要根据小区面积大小而定，小区面积大的可以适当宽些，小区面积小的可以适当窄些。

排水干沟挖在果园边缘，与排水支沟、自然沟连通，把水排出果园。排水干沟比排水支沟要宽些、深些。

有泉水的涝洼地，或上一层梯田渗水汇集到果园形成的涝洼地，要在涝洼地上方开截水沟，将水排出果园。也可在地里用石头砌一条排水暗沟，使水由地下排出果园。对于树盘低洼而积涝的，可以结合土壤管理，在整地时加高树盘土壤，使之稍高出地面，以解除树盘低洼积涝。

三、果树整形修剪

（一）**常用树形** 在果树的传统生产上，仁果类常用的树形是疏散分层形，核果类是自然开心形，藤本果树则用棚架和篱架形；随着矮化密植技术的发展，则多数采用纺锤形、树篱形及篱架形；在超密植栽培中又出现了圆柱形和无骨干形。总之，随着栽培密度的提高，树形由大变小，由单株变为群体，由自然形变为扁形，而且骨干枝由多变少，由直变弯，由斜变平，由分层变不分层。目前浙江省果树常见树形有以下几种。

（1）疏散分层形。有一个明显的中心干，在其上分层着生 8~9 个主枝，一般第一层 3~4 个主枝，第二层 2~3 个主枝，第三层 1~2 个主枝。侧枝在主枝上错落排列，相距在 30~50cm。疏散分层形因有明显的主干，主枝较多，分层着生，树体高大又易于透光，内膛不易空虚，树冠不易下垂，产量高，寿命也长。此树形符合果树特性，主枝数适当，造形容易，为目前有中心干的果树（如苹果、梨等）传统树形。

（2）纺锤形。又名纺锤灌木形、自由纺锤形，由主干形发展而来。树高 2.5~3m，冠径 3m 左右，在中心干四周培养多数短于 1.5m 的水平主枝，主枝不分层，上短下长。此树形适用于发枝多、树冠开张、生长不旺的果树。它修剪轻，结果早，但要支柱架线，缚枝费工。

（3）自然圆头形。又名自然半圆形，主干在一定高度剪截后，任其分枝、伐除过多的主枝而成，常用于常绿果树，如柑橘。

（4）自然开心形。主枝 3 个在主干上错落着生，直线延长，在侧面分生副分枝，符合果树自然特性，光照条件好，结果面积较大，生长较强，树冠较牢。但由于基本主枝少，早期产量低。核果类果树常用此形，在梨、苹果树上也有应用。

（5）篱架形。此树形常用于藤本果树，但矮化苹果和梨也常用。其特点是整形较方便，需设置篱架，此类树形较多。常用的有如下几种。

①棕榈叶形。目前最常用。其基本结构，是中心干向上沿行向直立平面分布 6~8 个主枝。按中心干上主枝分布规格程度分为规则式和不规则式；按骨干枝分布角度，分为水平式、倾斜式、烛台式等。其中，目前应用较多的是斜脉形、扇状棕榈叶形等。前者在中心干上，配置斜生主枝 6~8 个，树篱横断面呈三角形；后者骨干枝顺行向自由分布在一个垂直面上，有的可以交叉，呈扇形分布。

②双层栅篱形。主枝两层近水平缚在篱架上，树高约 2m，结果早，品质好，适宜在光照少、温度不足处应用。

③棚架形。主要用于葡萄、猕猴桃等藤本果树。日本栽种梨树，为防台风和提高品质也多采用。

（二）修剪时期 一般来说，根据果树在全年物候期中的转变，可分休眠期和生长期修剪。

1. 休眠期修剪　休眠期修剪是指果树秋季落叶后到来年春季萌芽前期间的修剪。这时期的修剪主要在冬季进行，因而又叫冬季修剪，简称冬剪。

（1）修剪时期。冬剪开始的时期，要考虑该地区低温对树体修剪后的伤害情况。一般说，在保护剪口芽安全不受冻的情况下修剪越早越好。

（2）主要任务。冬剪是树冠整形和实现枝、芽、叶、花、果定向定位、定质定量的主要关键时期，是调控树体在生长期平衡生长、按比例结果的基础措施。所以，冬剪的重点是选留和培养骨干枝，调整结果枝组的大小与分布，处理不规则枝条，控制总枝量和花芽数。

2. 生长期修剪　生长期修剪指的是果树在春季萌芽后到秋季落叶前期间的修剪。根据修剪季节和内容，又可分为以下几个时期。

（1）春剪。春剪是指树体萌芽后到开花前的修剪。这时，在前一年晚秋初冬回流到下部粗大枝干和根系中的贮藏营养，为了早春萌芽、开花和抽梢长叶需要，已重新调动到顶端的枝梢内。所以，此时进行修剪和疏枝，其营养损失较多。但对幼旺树和萌芽率低、发枝量少的品种，若将冬剪推迟到萌芽后进行，则可削弱顶端优势，提高萌芽率，增加分枝量与中、短枝的比例，利于缓和树势，增大结果体积。另外，某些果树若一次性冬剪达不到目的，也常在这时利用花前复剪进行一些必要的调节和补充。

（2）夏剪。夏剪在5~8月进行。修剪的次数要根据具体树种和树势的发展而定。一般是桃和葡萄夏剪次数较多，苹果、梨等次数较少；幼旺树次数较多，老弱树次数较少。夏剪的主要任务是：开张枝干角度，控制新梢徒长，平衡树势，理顺骨干枝和各种枝组的从属关系，改善树冠通风透光条件，保证树体生长结果与花芽分化之间的节奏性、协调性和优质性。

（3）秋剪。一般是在9~10月的果实成熟和采收期进行。此时，多数果树的树体已开始进入营养贮备阶段。主要任务是去除感染病虫害的枝梢和过密、过多、质量较差的老叶，改善树冠的通风透光条件，增加树体营养积累和果实着色，充实枝芽发育质量，保证树体安全越冬。

（三）修剪方法　果树基本修剪方法包括短截、缩剪、疏剪、长放、曲枝、刻伤、抹芽、疏梢、摘心、剪梢、扭（枝）梢、拿枝、环剥等多种方法，了解不同修剪方法及作用特点，是正确采用修剪技术的前提。

1. 短截　短截的基本特点是对剪口下的芽有刺激作用，以剪口下第一芽受刺激最大，其新梢生长势最强。短截可分为轻（剪去部分枝长小于1/3）、中（枝长1/3~1/2）、重（枝长1/2~2/3）和极重（大于枝长2/3至基部只留1~3芽）短截。随着短截加重，其萌芽力提高，成枝力增强，但绝对萌芽数降低，成枝数一般以中截最多。对母枝则有削弱作用，即短截越重，母枝增粗越少。

2. 缩剪　缩剪特点是对剪口后部的枝条生长和潜伏芽的萌发有促进作用。对母枝则起较强的削弱作用。其具体反应与缩剪程度、留枝强弱、伤口大小有关。如缩剪留壮枝，伤口较小，缩剪适度，可促进剪锯口后部枝芽生长；缩剪留枝细，伤口大，剪得过重，则可抑制生长。缩剪的促进作用，在骨干枝、枝组趋于衰弱时，常用此法进行更新复壮。

3. **疏剪** 其特点是对剪锯口上部枝梢有削弱作用，即上部枝成枝力和生长势受到削弱；对下部枝芽有促进作用，距伤口越近，作用越明显；对母枝则有显著的削弱作用。疏剪枝越粗，对上部枝和母枝削弱作用越大，对下部枝芽促进作用也越大。但如疏除的是衰弱枝、无效枝或果枝，则总体上有促进作用。

4. **长放** 修剪中不是任何长枝都可长放，一般与枝的长势、姿势有关。中庸枝、斜生枝和水平枝长放，由于顶端优势弱，留芽数量多，易发生较多中、短枝，有利于养分积累和促进花芽形成。强壮枝、直立枝、竞争枝长放，由于顶端优势强，母枝增粗快，易扰乱树形，因此不宜长放；如要长放，必须配合曲枝、夏剪等措施控制生长势。长放反应不仅符合枝的自然生长结果习性，而且简化了修剪。

5. **曲枝** 主要是加大与地面垂直线的夹角，直至水平，也包括左右改变方向。开张角度能明显削弱顶端优势，提高萌芽力，缩小发枝长势差距，使生长素、类似赤霉素减少，氮含量少而碳水化合物增多，乙烯含量增加，因而开张枝的角度有利花芽的形成。从树体反应看，可扩大树冠，改善光照条件。利用长枝开角结果下垂后，有利于近基枝更新复壮。

6. **刻伤和环剥** 在芽、枝的上方或下方用刀横切皮层达木质部的方法，叫刻伤。春季发芽前后在芽、枝上方刻伤，可阻碍顶端生长素向下运输和养分向上运输，能促进切口下的芽、枝萌发和生长。

环剥即环状剥皮，还有一种类似的做法叫环割，环割即环状割伤，是在枝干上横割一道或数道圆环，深至木质部。环剥和环割破坏了树体上、下部正常的营养交流，阻止养分向下运输，能暂时增加环剥、环割口以上部位碳水化合物的积累，从而抑制当年新梢的营养生长，促进生殖生长，有利于花芽形成和提高坐果率。

7. **抹芽、除萌和疏梢** 一年生枝上芽萌动后抹除称抹芽，多年生枝上为除萌，疏除新梢叫疏梢。萌芽力强、一节能发数芽的桃、葡萄等树种，需要抹芽、除萌和疏梢。就是一般树种枝杈间、剪锯口或骨干枝背上冒出的萌蘖也需抹除。其主要作用是选优去劣，除密留稀，节约养分，提高留用枝梢质量。

夏、秋季节疏除直立过密新梢，能显著改善树体光照条件，提高花芽分化质量。疏除新梢对母枝和树体都有较强的削弱作用。

8. **摘心和剪梢** 摘心是摘除幼嫩的梢尖，剪梢还包括部分成叶在内。摘心和剪梢可削弱顶端优势，暂时抑制新梢生长，促进其下侧芽萌发生长，增加分枝。其具体反应视新梢生长状况、修剪程度而定，一般在新梢迅速生长期反应强烈，修剪程度适中刺激发梢较好。摘心和剪梢在果树生长季修剪中应用较多，主要用于促进二次梢生长，增加分枝；促进花芽的形成；由于摘心或剪梢，能改变营养物质的运转方向，有利提高坐果率，葡萄上花前或花期摘心是常规措施；促进枝芽充实成熟，有利越冬。摘心和剪梢是在生长季中进行，作用时间有限。因此，必须在急需养分调整的关键时期进行。

9.扭（枝）梢　在新梢基部处于半木质化时，将新梢基部扭转180°，使木质部和韧皮部受伤而不折断，新梢呈扭曲状态。此法能使新梢先端停长，有利养分积累和促进花芽分化的作用。扭梢在苹果幼树、初结果树上应用较多，但其弊端突出，特别是背上直立枝往往是"扭而不服"，从基部再冒出直立枝，加大夏剪工作量；要促花，必须压低扭梢部位，随着扭梢的生长，基部形成疙瘩，妨碍母枝生长。因此，从简化修剪出发，一般不提倡扭梢，背上直立梢多疏除，以促进两侧枝组的发育。

10.拿枝　也称捋枝。在新梢生长期用手从基部到先端，逐步使其弯曲，伤及木质部，响而不折。在春夏苹果新梢迅速生长时拿枝，有利旺梢生长，减弱秋梢长势，形成较多副梢，有利形成花芽。秋梢开始生长时拿梢，减弱秋梢生长，形成少量副梢和腋花芽。秋梢停长后拿梢，能显著提高次年萌芽力。

（四）果树不同时期的修剪

1.幼龄期果树的修剪　幼树的修剪目的有二个，一是培养骨架结构，使树体尽快成形；二是促进开花结果，使产量尽快增加。因此，幼树修剪时要注意处理好二者关系，边整形，边结果，整形结果两不误。

（1）整形。果树在幼龄期，体小枝叶少，树冠的通风透光问题不是主要矛盾。修剪的任务首先培养骨干枝，使树冠尽快扩大，占用一切可以利用的空间。多数乔木果树的树冠均可采用留有中心干的主干形，在中心干上根据目标树形结构的要求，分层或不分层地合理排列主枝，在主枝上再根据需要培养侧枝。幼树整形一般要求3~5年完成。

（2）修剪内容与步骤。幼树修剪应围绕培养骨架和促花结果两大中心任务进行，力求二者同时并进，相互配合。为了保证修剪质量和提高修剪效率，可按以下步骤操作。

①培养骨干枝。中心干和主、侧枝的延长头，根据从属关系在中部留饱满的外芽进行短截，并按要求调整好其基角、腰角与梢角。

②留用辅养枝。骨干枝选好后，其余枝可按辅养枝留用，具体的修剪方法应按枝条的姿势与长势区别处理。一般平斜、不垂的中庸枝可进行缓放，直立旺长枝则应先采取弯曲、造伤的方法将其削弱，然后再进行缓放，促其甩出中短枝开花结果。

③连续修剪。利用冬、夏剪结合的办法，不断调整和固定枝干、枝条的生长角度与方向，保证骨干枝的生长优势，控制非骨干枝的过头生长，使树

冠按目标树形的结构发展，按计划的时间成花结果。

2. 结果期果树的修剪　结果树的修剪目标是多结果、结好果，防止产生"大小年"，长期维持树体平衡和结果枝组的生产能力，及时改善树冠通风透光的条件和枝叶果生长发育的质量。

（1）树形变换。结果的大树枝繁叶茂，树冠内通风透光条件恶劣。修剪上对有中心干的树形应进行落头回缩，形成多主枝的开心形。主枝分层的可改造为二层无顶形，主枝不分层的可改造为变则主干形。

（2）修剪内容与步骤。盛果期果树的修剪，一是围绕改善树冠的通风透光条件进行，二是围绕结果枝组的更新进行。其目的是提高枝、叶、果的质量。因此，在修剪操作时应按以下步骤进行。

①中心干要及时落头开心，主枝要及时清层扩距，这样通过打开"天窗"和"四门"解决上光和侧光的问题；清理密乱枝，回缩老弱枝，去除病虫枝，环剥环刻光腿枝；以轮替结果和间隔回缩的方式更新枝组，控制花芽量，平衡叶果比，防止出现"大小年"的现象。

②在枝组修剪中，注意去平留直、去弱留强和壮枝壮芽、上枝上芽当头，以强化枝势的办法提高树体与结果的质量。

③疏花疏果，控制树体负载量，减少营养的无效消耗。

四、果树大小年结果的原因及对策

果树一年结果多，一年结果少，甚至不结果，人们把这种现象叫做果树的大小年结果。果树大小年结果不仅造成产量下降、果实品质变劣，降低了商品价值。而且容易招致树势衰弱，从而加重树体病虫害的发生，丰产年限缩短，使果农蒙受很大的经济损失，不利市场的均衡供应。

（一）产生原因　大小年结果现象从本质上讲，是叶片制造的有机营养物质的生产、分配与花、果、根和花芽等器官建造的需要之间，在数量和时间上不协调的结果。

1. 营养的竞争　营养竞争是造成大小年结果最普遍、最重要的原因。在大年结果多的年份，营养物质不断的运往果实，使树体其他器官特别是枝梢得到养分大量减少，新梢发生少，花芽形成能力弱，所以在大年之后则为小年；而小年花果少，树体内营养物质积累增多，新梢发生多，为花芽分化创造了良好的条件，故翌年产量急剧上升，即为大年。如此反复，形成恶性循环。

2. 栽培技术不合理　不合理的栽培技术主要表现在果园管理粗放，不注重疏花疏果；根系发育不良，树势极度衰弱；病虫防治不及时，叶片严重损伤，甚至早期大量落叶，使当年不能制造、积累足够有机营养，导致果树花芽分化不良；修剪上长期轻剪缓放，不剪留一定比例的预备枝，当花量大、结果多、树体超载时，又不采取措施合理调整，造成次年大量减产。导致大小年出现和周期性循环。

3. 不良自然条件 恶劣的自然条件如雨涝、干旱、寒冷、晚霜、冰雹等也是导致大小年的起因。花期、花芽分化期阴雨过多，坐果期干旱，均能引起大小年。有些年份，正常结果树因晚霜使花或幼果受害而大量脱落减产，从而有利于树体营养积累，花芽大量形成，次年产量骤增引起大小年。

4. 品种的影响 同一种果树不同品种大小年结果的表现也各异，容易形成花芽，坐果率高的品种较易形成大小年；而花芽形成率一般、坐果率不很高的品种则不易形成大小年。果实成熟期的早晚和果树的年龄，与大小年程度的轻重有一定关系，一般是晚熟品种比早、中熟品种重，成龄树和衰老树比幼树重。

5. 植物激素的影响 大年所以形成花芽少。除养分积累不足外，还与果实种子中形成的大量赤霉素抑制了花芽分化有关。由于大年结果多，树上的种子总数相应增加，种胚内赤霉素大量合成，因其能诱导 α-淀粉酶的产生，使淀粉水解并促进新梢生长，抑制花芽形成，使来年变为小年。植株体内的乙烯利、生长素、激动素、脱落酸等内源激素共同控制着植物的营养生长和生殖生长，他们之间的平衡关系影响到花芽分化、坐果和果实的发育，对形成大小年也有较大的作用。

（二）解决对策 夺取结果期果树连年丰产、避免大小年结果现象的出现，则应根据出现大小年的不同原因，在加强综合管理的基础上，采取不同对策，逐步加以调整克服。

1. 大年树的管理措施 要克服已经出现的大小年结果现象，通常从大年入手，较为易行，也容易收到成效。大年树的主要特点是结果过多，影响当年花芽分化，造成下年结果较少。因此，大年树管理的主要目标是合理调整果树负载量，做到大年不大，并促使形成足量花芽，提高下年产量。

（1）加强综合管理。重点要加强肥水管理，及时补充树体营养消耗。在花前和果实膨大前期，多施尿素、硫酸铵和碳酸氢铵等速效肥，促进枝叶生长，以生产更多的光合产物，保证果实生长所需营养，防止树体营养消耗过度而在来年变成"小年"。果实采收后至落叶前，一般应及早施用基肥，以有利于第二年开花结果，促进花芽分化，同时对提高开花质量和坐果率、促进枝条健壮生长、果实膨大和提高产量均有一定作用。

（2）适当重剪。通过修剪来控制或调节花量，达到合理的叶果比例，使树体的营养积累和果实消耗达到相对平衡，从而减轻大小年现象。大年花多，修剪的原则是在保证当年产量的前提下，冬季应进行适当重剪，减少花芽留量，使生长结果达到平衡。大年多短截中长果枝，留足预备枝；回缩多年生枝组，适当重缩串花枝；处理拥挤过密且影响光照的大枝，改善光照，提高花芽质量。

（3）科学疏花疏果。科学疏花疏果能调整叶果比，平衡营养生长与生殖生长，使树体合理负载，增加养分积累，对克服大小年有显著作用。还能增大果个，改善品质，防止树体早衰。所以该技术是控制负载，减少大小年的最有效办法。疏花疏果的原则是先疏花枝，后疏花蕾，再疏果、定果；壮树强枝适当多留，弱树弱枝适当少留。疏花枝结合冬剪和春季复剪进行，疏花蕾从花序伸长到开花前均可进行，但以花序伸长至分离期为最佳。疏果宜从谢花后第2~4周完成，越早越好。

（4）加强自然灾害防控。大年有时也会由于不良气候及病虫危害造成大幅度减产，不仅影响当年收益，也会引起以后出现幅度更大的大小年结果。因此，大年也要做好病虫及灾害危害和保花保果工作，确保当年达到计划产量。

（5）应用生长调节剂。在大年的春季可每隔7~10天用0.1%~0.3%的多效唑、0.2%~0.4%的矮壮素水溶液进行叶面喷雾，连喷2次，促进花芽分化，增加小年的花果量。

2. 小年树的管理措施 小年花少，管理的主要目标是保花保果，使小年不小，并使当年不致形成过量花芽，防止下年出现大年。

（1）合理肥水。小年树必须重点加强前期肥水管理，铲草松土，增施氮磷钾复合肥，防止因肥料不足而落花落果，促使养分集中运转到花果中去。春季特别是萌芽期前后及花期的肥水管理，不仅可以促进树体生长发育，增强同化能力，增加前期营养，提高坐果率，还会由于新梢生长健旺，相对减少花芽形成量。因此，萌芽前、开花前、后1周可追施1次速效氮肥，花期喷0.3%尿素，花后喷1%~3%的过磷酸钙浸出液，以促进生长。小年树适时、适量供水也是很重要的措施，可于花芽分化期前后，适当灌溉增加土壤湿度，在一定程度上也减少花芽形成，避免下年出现过大的大年。

（2）适当轻剪。为了尽量保存花芽，提高坐果率和当年产量，冬剪时，应适当轻剪，即少疏枝，少短截，不进行树体结构的大调整和更新，尽量保留花芽，待花前复剪时再根据具体情况进行截、疏或缩的调整。暂时可以不去的大枝尽量不去，留待大年处理，以免剪去过多花芽。在结果少的小年，于夏季对一部分新梢进行中短截，促发二次枝；冬剪时多缓放，促使翌年多形成花芽，以补充小年结果量。

（3）保花保果。果树绝大部分品种自花不实或结实率极低，认真做好保花保果，是保证丰产、稳产、优质的关键措施。花期可进行放蜂、人工授粉，喷施0.1%~0.25%的硼砂或硼酸溶液，以促进授粉和幼果发育。同时，对于生长过旺的新梢及果台副梢要及时摘心、扭梢、抹芽，控制其生长，减少争水争肥矛盾，将有利于"小年树"提高坐果率。

（4）避免不良条件危害。小年树更应抓紧做好灾害及病虫防治。特别是大年后，树体衰弱，腐烂病常大量发生，除大年秋冬加强检查防治外，小年春季也要抓紧及时防治。并要加强做好防冻、防冰雹、抗旱等抗自然灾害工作，确保小年丰收。

（5）植物生长调节剂调节。果树盛产后，可在小年花芽分化的临界期及前半个月，用100~150倍"九二○"进行叶面喷施1次，能抑制花芽分化，防止第2年(大年)开花过多。

总之，在防止自然灾害的前提下，加强肥水管理，提高光合产量，再针对不同品种采取措施，防止结果过量，经过3~5年的精心调整，就可以减轻乃至克服大小年结果现象，恢复正常结果。

复习思考题
1.果园建设有什么要求？
2.果园怎样进行肥水管理？
3.果树怎样进行整形修剪？

第四节 果树病虫草害基础知识

一、果树病害发生基础

（一）果树病害的概念 由于受不良环境条件的影响，或者遭受寄生物的侵害，果树的正常生长和发育受到干扰和破坏，引起果树从生理机能到组织结构发生一系列的变化，在外部形态上发生反常的表现，在经济上遭受损失，这就是果树病害。

果树病害的症状是指果树发生病害后所表现的病态，是准确诊断果树病害的重要依据。症状可分为病状和病症两部分。

1.病状 病状是寄主发病后外部形态发生变化所表现出的不正常状态。一般可归纳为变色、坏死、腐烂、萎蔫和畸形五大类。

2.病症 病症是病原物在病部所表现的特征，是由病原物的营养体和繁殖体构成的。病症一般可分为霉状物、粉状物、锈状物、绵(丝)状物、粒状物、菌核、菌索和脓状物八类。

症状是植物特性与病原物特征特性相结合的综合反映，各种病害的症状均具有一定的特异性和稳定性，对进行病害的诊断有很重要的意义。

（二）果树病害的种类 我国地域辽阔，气候条件复杂，种植的果树及其病害种类繁多，据《中国果树病虫志》(1960)记载，我国30多种果树中有736种病害，危害严重的有60余种。

1.按病源分类 可分为非传染性病害和传染性病害两大类。非传染性病害是由不良的物理或化学等非生物因素（如气象因素、土壤因素和某些毒害物质等）所引起的生理性病害，是不能传染的；传染性病害是由生物病原物引起的病理性病害，是可以传染的，引起传染性病害的病原物种类很多，主要有真菌、细菌、病毒、线虫和寄生性种子植物等。

2.按病原菌的种类分类 可分为真菌病害、细菌病害、病毒病害和线虫病害。真菌病害是指通过真菌传播的病害，在植物病害种类中占80％以上，其侵染部位在潮湿的条件下都有菌丝和孢子产生，产生出白色棉絮状物、丝状物。不同颜色的粉状物，雾状物或颗粒状物是真菌病害的判断依据。由病原细菌侵染而引起的病害称为细菌性病害，其病部表面常附着菌体与寄主体液的混合物－溢浓，是识别细菌病害的重要依据之一。由病原病毒侵染而引起的病害称为病毒病害，常表现为叶片皱缩、植株矮化等。由线虫侵入而引起的病害称为线虫病害，常见的症状是在主根和侧根上着生大小不等的瘤状物，受害严重时细根腐烂，叶子枯黄而死。

3.按病菌传播方式分类 可分气传病害、种传病害、虫传病害、机械传播病害。气传病害是指在病株残体上越冬的病原物在生长季节遇到适宜温度和湿度，产生的大量孢子随气流传播到植株体上而引起的病害。种传病害是指带有病原物的种子、枝条等把病原物从越冬、越夏场所传到田间，引起病害发生。虫传病害则是指有些越冬带毒的昆虫迁到田间果树上，引起病毒病的发生。机械传播是指果树田间操作时，带有病菌的修剪刀等工具使健康果树伤口感染，引起发病。

4.按寄主植物分类 可分柑橘病害、梨病害、桃病害和葡萄病害等。

5.按受害部位分类 可分叶部病害、枝干病害、花部病害、果实病害和根部病害。

（三）果树病害的发生、发展与流行

1.果树病害的发生与发展 病害从前一个生长季节开始发病到下一个生长季节再度发病的过程称为侵染循环。病程是组成侵染循环的基本环节。侵染循环主要包括以下3个方面。

（1）病原物的越冬或越夏。病原物度过寄主植物的休眠期，成为下一个生长季节的侵染来源。

（2）初侵染和再侵染。经过越冬或越夏的病原物，在寄主生长季节中苗木种植前进行病害防疫的首次侵染为初侵染，重复侵染为再侵染。只有初侵染，没有再侵染，整个侵染循环仅有一个病程的称为单循环病害；在寄主生长季节中重复侵染，多次引起发病，其侵染循环包括多个病程的称为多循环病害。

（3）病原物的传播。分主动传播和被动传播。前者如有鞭毛的细菌或真菌的游动孢子在水中游动传播等，其传播的距离和范围有限；后者靠自然和人为因素传播，如气流传播、水流传播、生物传播和人为传播。

2. 果树病害的流行 果树病害流行是指侵染性病害在果树群体中的顺利侵染和大量发生。其流行是病原物群体和寄主植物群体在环境条件影响下相互作用的过程。环境条件常起主导作用，对植物病害影响较大的环境条件主要包括下列3类。

（1）气候土壤环境，如温度、湿度、光照和土壤结构、含水量、通气性等。

（2）生物环境，包括昆虫、线虫和微生物。

（3）农业措施，如耕作制度、种植密度、施肥、田间管理等。

果树传染病只有在寄主的感病性较强，且栽种面积和密度较大；病原物的致病性较强，且数量较大；环境条件特别是气候、土壤和耕作栽培条件有利于病原物的侵染、繁殖、传播和越冬，而不利于寄主植物的抗病性时，才会流行。

二、果树虫害发生基础

（一）果树虫害的概念 人们通常把危害各种果树的昆虫和螨类等称为害虫，把由它们引起的各种果树伤害称为果树虫害。果树受害虫为害，常出现果树植株或生长组织缺刻、空洞、破碎、萎蔫、失绿、黄斑、黑斑，甚至全株枯死等被害症状。

（二）果树害虫的种类 危害果树的昆虫种类较多，数量较大。按其口器类型可分为咀嚼式害虫和刺吸式害虫两类；按害虫的危害部位可以将其分为食叶类、蛀茎类、食根类等；按危害昆虫自身特征，又可将其分为鳞翅目、同翅目、鞘翅目、膜翅目、蜱螨目等。

咀嚼式口器害虫的危害在果树上可造成缺刻、空洞、组织破碎，如葡萄天蛾造成叶片缺刻、桃红颈天牛造成桃树空洞等被害症状；刺吸式口器害虫如蚜虫、红蜘蛛、介壳虫等刺吸果树嫩叶或嫩梢后出现萎蔫、失绿、黄斑、黑斑，甚至全株枯死等被害症状。

（三）果树害虫的生物学特征

1. 昆虫繁殖方式 大多数昆虫是以两性繁殖后代，即通过雌雄交配，卵受精后，产出体外，才能发育成新的个体。但有些昆虫的卵不经过受精就能发育成新的个体，这种繁殖方式称为孤雌生殖。有些昆虫一个时期进行两性生殖，另一个时期却进行孤雌生殖（如蚜虫），这种生殖方式称为周期性孤雌生殖。

2. 昆虫的个体发育 昆虫的个体发育分为两个阶段。第一个阶段在卵内

进行到孵化为止，称为胚胎发

育；第二个阶段是从孵化开始到成虫性成熟为止，称为胚后发育。昆虫从卵中孵化后，在生长发育过程中要经过一系列外部形态和内部器官的变化，才能转变为成虫，这种现象称为变态。昆虫胚后发育主要特点是生长伴随着有脱皮和变态。

3. **昆虫的世代和生活年史**　昆虫个体发育必须经过从卵到成虫的各个阶段，人们把昆虫从卵发育至成虫性成熟（能够繁殖产卵止）的这一周期称为一个世代。

生活年史是指一种昆虫在一年内发生的世代数，也就是由当年越冬虫态开始活动，到第二年越冬结束为止的一年内的发育史。各种昆虫世代的长短和一年内世代数的多少各不相同，有一年一代、二代、数代，甚至几十代的，也有几年完成一代的。生活年史的基本内容包括越冬虫态和场所，一年发生的世代数，每代各虫态发生的时间和历期，越冬、越夏的时间长短，其发生与寄生植物发育阶段的配合等。因此，了解害虫的生活年史是防治害虫的基础，因为摸清害虫在一年中发生发展规律，掌握其生活史中的薄弱环节，才能有效地进行防治。

4. **昆虫的趋性**　就指昆虫接受外界环境条件刺激的一种反应。对某种外界环境条件的刺激，昆虫表现出非趋即避的反应，趋向刺激物质方向的称为正趋性，而避开刺激物质方向的称为负趋性。按外界环境条件刺激的性质不同可分为趋光性、趋化性和趋温性等。

（四）昆虫与环境的关系　影响昆虫发生期和发生量的主要环境因素有两类，即非生物因素和生物因素。非生物因素主要有气象条件（如温度、湿度、风和光照等，其中，温、湿度对昆虫的影响尤为显著）、土壤条件等；生物因素中主要是寄主植物和天敌等。

1. **温度**　温度是气象因素中对昆虫影响最显著因子之一，因为昆虫的体温基本上取决于周围环境的温度，其生理机能活动直接受环境温度的支配和影响。昆虫的生长发育要求一定的温度范围，这个范围称为有效温区，在温带地区一般为 8~40℃。其中，有一段对昆虫的生活力和繁殖力最为有利，称为最适温区，一般为 22~30℃。有效温区的下限是昆虫生长发育的起点，称为最低有效温度，一般为 8~15℃，在此点下有一段低温能使昆虫生长发育停止，这段低温称为停育低温区。温度再降低，昆虫因过冷而死亡，称为致死低温区，通常不超过 -15℃。同样，有效温区的上限即最高的有效温度称为临界高温，一般为 35~45℃或更高些。其上也还有一段停育高温区，再上为致死高温区。

2. **湿度**　水分是昆虫进行一切生理活动的介质，因此，它对昆虫的生长发育、繁殖和成活率等均有重要影响。一般来说，温度和湿度是相互影响、综合作用于昆虫的。

3. **食物**　食物是昆虫生存的基本条件。不论是多食性或寡食性昆虫都有它最嗜食的食物种类。在摄取嗜食的食物时，昆虫发育快、死亡率低、生殖力强。即使取食同一植物的不同器官和不同生育阶段对昆虫的影响也不相同。

4. **天敌**　凡能捕食或寄生于昆虫的动物或使昆虫致病的微生物，都称为昆虫的天敌。天敌是影响害虫种群数量变动的重要因子。

三、果树草害发生基础

（一）杂草的概念与危害

1. **杂草的概念**　广义的杂草是指生长在对人类活动不利或有害于生产场地的一切植物。主要为草本植物，也包括部分小灌木、蕨类及藻类。全球经定名的植物有 30 余万种，认定为杂草的植物约 8000 余种；在我国书刊中可查出的植物名称有 36000 多种，认定为杂草的植物有 119 科 1200 多种。其生物学特性表现为：传播方式多，繁殖与再生力强，生活周期一般都比作物短，成熟的种子随熟随落，抗逆性强，光合作用效益高等。

2. **杂草的发生特性**

（1）适应性强。杂草长期在野生环境下生长，使它们能忍受较恶劣的环境条件。因此，杂草能在低温、盐碱和瘠薄土壤及干旱条件下生长。

（2）惊人的繁殖力。杂草有很强的结实能力，绝大部分杂草的单株结种数量高于农作物的几倍甚至几十倍，还有的能进行无性繁殖，并有少数宿根性杂草再生能力很强，即使根茎晒干瘪后，如果再遇到适宜的条件还能"死而复生"。

（3）有很强的生活力。有很多杂草种子即使经过动物消化后，仍能有 60%~90% 的发芽率。有的草籽在不适宜的条件下不发芽，而几年后，当遇到适宜的环境条件，仍能发芽生长，这些顽强的生命能力是栽培作物不能比拟的。

（4）广泛的传播途径。杂草种子和果实的传播范围很广，因为许多杂草都有其独特的传播结构，可以借助风力、流水或附在人、动物身上传播到别处。

3. **杂草的危害**　果园的生态环境比较稳定，株行距大，通风透光，比较适合各类杂草的生长。果园杂草种类繁多，既有一年生杂草，也有多年生杂草；既有农田杂草，也有荒地、路旁、地边杂草，构成果园杂草复杂的植被。

从表面上看，果园杂草与果树争夺阳光、土壤水分和矿质营养，导致果树生长发育不良，产量降低，品质下降，而实际上杂草的存在大大减少了天然降水的地表径流和果园土壤的水蚀、风蚀及土表水分蒸发，杂草死亡腐烂后回归土壤，不仅不会造成果园土壤养分的流失，还会大大增加土壤有机质

含量，提高土壤肥力和蓄水保

水能力。另一方面，大量的杂草根系腐烂后使果园土壤容重降低，空隙度增大，呼吸更加顺畅。因此，杂草的合理存在不仅不会与果树争肥争水，而且有利于改良果园土壤环境，提高土壤肥力。杂草对果树的危害主要是长入果树冠幕层内的株型高大的杂草或攀爬于冠幕层之上的蔓性、攀缘性杂草的茎叶遮挡阳光，大幅度降低了果树叶片的受光量和光合作用强度所至。另外，长入果树冠幕层中和攀爬于冠幕层之上的杂草，会造成果园郁闭，冠幕层通透不良，病虫害滋生，病虫防治难度增大，效率、效果降低，好果率下降。总之，杂草对果树的危害程度主要与果树冠幕层距地面的高度、杂草高度、杂草攀爬高度及有害杂草的密度密切相关。不能长入果树冠幕层内的杂草对果树基本无害，长入果树冠幕层内的杂草对果树的危害程度随杂草高度的增加而增大。当然，绝大多数杂草对草莓、树莓等冠幕层低矮的果树以及幼龄果树均会造成严重的草害。

（二）杂草的分类

1. **按杂草的生活史分类** 按杂草的生活史分类，通常把杂草分为一年生杂草和多年生杂草两大类。

（1）一年生杂草是指杂草从种子发芽、生长到开花结籽，在一年内完成生活史的杂草。这类杂草主要靠种子繁殖。如早熟禾，马唐、狗尾草、牛筋草、马齿苋等。

①冬季一年生杂草，这类杂草秋、冬陆续发生，严寒时停止生长或生长缓慢，翌年春天继续生长并开花结籽、死亡。如看麦娘、猪殃殃等，这类杂草又称越年生杂草或二年生杂草。

②夏季一年生杂草，这类杂草春季发生，夏季生长，秋季开花结籽、死亡。如稗草、马齿苋、鸭舌草、马唐等。

（2）多年生杂草，生命周期超过二年。这类杂草不但能结籽传代，而且以营养器官再生方法延续生命，是多年生杂草的特征。如香附子、野荸荠在春季发芽生长，夏秋开花结籽，冬季地上部分枯死，但地下部分块茎仍有生命力，第二年重新发芽生长。

2. **按除草剂的防除对象分类** 在除草剂杀草原理中，很重要的是根据杂草形态不同和结构上的差异而分类杀灭的，按除草剂防除对象可将杂草分为禾本科杂草、莎草科杂草及阔叶杂草。

（1）禾本科杂草。属于单子叶杂草，其主要形态特征是胚有1片子叶，叶片狭长，叶鞘开张，有叶舌，无叶柄，平行叶脉。茎圆或扁平，有节，节间中空。如稗草、千金子、看麦娘、马唐、狗尾草等。

（2）莎草科杂草。也属于单子叶杂草，其主要形态特征是胚有1片子叶，叶片窄长，平行叶脉，叶鞘包卷，无叶舌。茎大多为三棱形，实心、无节，个别为圆柱形空心。如三棱草、香附子、水莎草、异型莎草等。

（3）阔叶杂草。属双子叶杂草，其主要特征是胚有2片子叶，草本或木本，叶脉网状，叶片宽，叶片圆形、心形或菱形，茎圆形或方形，有叶柄。如刺儿菜、苍耳、鳢肠、荠菜等。另外，阔叶杂草也包括一些叶片较宽、叶子着生较大的单子叶杂草，如鸭跖草等。

复习思考题

1. 果树病害的概念是什么？

2. 昆虫与环境的关系怎么样？

3. 杂草怎样进行分类？

第五节　土壤肥料与农药基础知识

一、土壤基础知识

（一）土壤组分　土壤由岩石风化而成的矿物质、动植物和微生物残体腐解产生的有机质、土壤生物（固体物质）以及水分（液体物质）、空气（气体物质）和氧化的腐殖质等组成。固体物质包括土壤矿物质、有机质和微生物通过光照抑菌灭菌后得到的养料等。液体物质主要指土壤水分。气体是存在于土壤孔隙中的空气。土壤中这三类物质构成了一个矛盾的统一体。它们互相联系，互相制约，为作物提供必需的生活条件，是土壤肥力的物质基础。

1. 矿物质　土壤矿物质是岩石经过风化作用形成的不同大小的矿物颗粒。土壤矿物质种类很多，化学组成复杂，它直接影响土壤的物理、化学性质，是作物养分的重要来源之一。

2. 有机质　有机质含量的多少是衡量土壤肥力高低的一个重要标志，它和矿物质紧密地结合在一起。在一般耕地耕层中有机质含量只占土壤干重的0.5%~2.5%，耕层以下更少，但它的作用却很大，人们常把含有机质较多的土壤称为"油土"。土壤有机质主要来源于施用的有机肥料和残留的根茬。许多地方采用秸秆还田、割青沤肥、草田轮作、粮肥间套、扩种绿肥等措施，提高土壤有机质含量，使土壤越种越肥，产量越来越高。

3. 微生物　土壤微生物的种类很多，只有抑制有害菌，利用这些菌产生植物需要的一些养料。如进行有效的阳光照射后，细菌、真菌、放线菌、原生动物被有效的杀灭，腐体可作养料。土壤微生物的数量很大，1g土壤中就有几亿到几百亿个。土壤越肥沃，微生物的利用率也越高。

4. 水分 土壤是一个疏松多孔体，其中布满着大大小小蜂窝状的孔隙。直径 0.001~0.1mm 的土壤孔隙叫毛管孔隙。存在于土壤毛管孔隙中的水分能被作物直接吸收利用，同时，还能溶解和输送土壤养分。土壤水分主要以气化方式向大气扩散丢失。

5. 土壤空气 土壤空气对作物种子发芽、根系发育、微生物活动及养分转化都有极大的影响。生产上应采用深耕松土、排水、晒田等措施，改善土壤通气状况，促进作物生长发育。

（二）土壤团粒结构 土壤结构是指土壤颗粒（包括团聚体）的排列与组合形式。在田间鉴别时，通常指那些不同形态和大小，且能彼此分开的结构体。土壤结构是成土过程或利用过程中由物理的、化学的和生物的多种因素综合作用而形成，按形状可分为块状、片状、柱状和团粒结构体。其中团粒结构体是最适宜植物生长的结构体土壤类型，它在一定程度上标志着土壤肥力的水平和利用价值。

1. 团粒结构对土壤肥力的作用 团粒结构对土壤肥力的作用主要包括以下几方面。

（1）团粒结构土壤中大小孔隙兼备，团粒间有非毛管孔隙，使土壤既能保水，又能透水，并造成良好的土壤空气和热量状况，有利于根系的伸展及养分的保存和供应，是土壤肥沃的标志之一。

（2）土壤胶体有较大的比表面积，在溶液中带有电荷，并有吸收、膨胀、收缩、分散、凝聚、黏结和可塑性等特性。由于土壤中有机胶体吸收性强，因此土壤吸收某些溶解的养料就多，这样，土壤保肥性就强。

（3）在团粒结构中，在团粒的表面（大孔隙）和空气接触，有好气性微生物活动，有机质迅速分解，供应有效养分；在团粒内部（毛管孔隙），贮存毛管水而通气不良，只有嫌气微生物活动，有利于养分贮藏。因而土壤微生物活动强烈，生物活性强，土壤养分供应较多，所以有效肥力较高。

（4）团粒结构的土壤宜于耕作，具有良好的耕层结构，调节水、气矛盾的能力强，保肥和供肥能力较强。

2. 形成土壤团粒结构的农业措施 形成土壤团粒结构的农业措施主要有以下几点。

（1）精耕细作、增施有机肥。精耕细作使表皮土壤松散，虽然形成的团粒是水不稳性的，但也会起到调节土壤孔性的作用。连续施用有机肥料，可促进水稳定性团聚体的形成，并且团粒的团聚程度较高，各种孔隙分布合理，土壤肥料得以保持和提高。

（2）合理轮作倒茬。一年生或多年生禾本科牧草或豆科作物，生长健壮，根系发达，都能促进土壤团粒的形成。秸秆还田、种植绿肥、粮食作物与绿肥轮作、水旱轮作等等都有利于土壤团粒结构的形成。

（3）合理灌溉、适时耕耘。大水漫灌容易破坏土壤结构，使土壤板结，灌后要适时中耕松土，防止板结。适时耕耘，充分发挥干湿交替与冻融交替的作用，有利于形成大量水不稳定性的团粒，调节土壤结构性。

（4）施用石灰及石膏。酸性土壤施用石灰，碱性土壤施用石膏，不仅能降低土壤的酸碱度，而且有利于土壤团聚体的形成。

（5）土壤结构改良剂的应用。土壤结构改良剂是根据团粒结构形成的原理，利用植物残体、泥炭、褐煤等为原料，从中提取腐殖酸、纤维素、木质素等物质。作为土壤团聚体的胶结物质，或模拟天然物质的分子结构和性质，人工合成高分子胶结材料。

（三）土壤养分　土壤中能直接或经转化后被植物根系吸收的矿质营养成分，包括氮（N）、磷（P）、钾（K）、钙（Ca）、镁（Mg）、硫（S）、铁（Fe）、硼（B）、钼（Mo）、锌（Zn）、锰（Mn）、铜（Cu）和氯（Cl）13种元素。养分的分类为大量元素、中量元素和微量元素。在自然土壤中，养分主要来源于土壤矿物质和土壤有机质，其次是大气降水、渗水和地下水。在耕作土壤中，还来源于施肥和灌溉。根据植物对营养元素吸收利用的难易程度，分为速效性养分和迟效性养分。一般来说，速效养分仅占很少部分，不足全量的1%，但速效养分和迟效养分的划分是相对的，二者处于动态平衡之中。

（四）土壤类型　浙江土壤类型十分丰富，主要土壤类型有红壤、黄壤、水稻土、潮土和滨海盐土、紫色土、石灰土、粗骨土等，其典型土壤有红壤、水稻土、滨海盐土和潮土等。

1.红壤　红壤为亚热带常绿阔叶林下生成的富铝化酸性土壤，在浙江分布面积最大，主要分布在浙南、浙东、浙西丘陵山地。红壤具有黏、酸、瘦等主要肥力特征，旱季保水性能差，不适于作物高产。红壤的酸性强，土质黏重是红壤利用上的不利因素，可通过多施有机肥，适量施用石灰和补充磷肥，进行红壤改良。

红壤改良措施包括植树造林、平整土地、客土掺沙、加强水利建设、增加红壤有机质含量、科学施肥、施用石灰、采用合理的种植制度等。可以增施氮、磷、钾等矿质肥料，氮肥宜用粒状或球状深施，磷肥宜与有机肥混合制成颗粒肥施用；施用石灰降低红壤酸性；合理耕作；选种适当的作物、林木，种植绿肥是改良红壤的关键措施。

2.黄壤　发育于亚热带湿润山地或常绿阔叶林下的土壤。酸性，土层经常保持湿润。由于土壤淋溶强，盐基饱和度低，土壤酸度大。绝大多数黄壤pH值小于6。

黄壤的利用以多种经营为宜。分布于中山山脊和分水岭地区的表潜黄壤和灰化黄壤，因处于海拔高、坡度陡、土层薄的地段，种植农作物或经济林木均不适宜；在其所在的原始林地宜以护林和采集、培育药用植物为主。对

分布于丘陵地区的黄壤，尤其
是老红色风化壳或砂页岩发育的黄壤，如所处地形坡度较小、土层厚度在 1m
以上的则可发展农业和农、林综合利用。丘陵下部缓坡和谷地可种水稻、玉
米和麦类；丘陵中、上部可以发展果树、茶和油菜等经济作物和薪炭林。

3. 水稻土　水稻土是指发育于各种自然土壤之上、经过人为水耕熟化、
淹水种稻而形成的耕作土壤，这种土壤由于长期处于水淹的缺氧状态，土壤
中的氧化铁被还原成易溶于水的氧化亚铁，并随水在土壤中移动，当土壤排
水后或受稻根的影响，氧化亚铁又被氧化成氧化铁沉淀，形成锈斑、锈线，
土壤下层较为黏重。

水稻土主要分布在浙北平原和浙东南滨海平原，是浙江省粮、油作物的
主要生产基地。高产水稻土的特点是耕层深厚（15~18cm），质地适中，耕性
良好，水分渗漏快慢适度，养分供应协调。水稻土的低产特性主要有冷、黏、
沙、盐碱、毒和酸等。加以改良，增产潜力大。

4. 潮土　潮土是在长期耕作、施肥和灌溉的影响下所形成的土壤，因有
夜潮现象而得名，主要分布在江河两岸及杭嘉湖平原。潮土土层深厚，矿质
养分丰富，有利于深根作物生长，但有机质、氮素和磷含量偏低，且易旱涝，
局部地区有盐渍化问题，亟待改良。

潮土分布区地势平坦，土层深厚，水热资源较丰富，适种性广，是主要
的旱作土壤，盛产粮棉。但潮土养分低或缺乏，大部分属中、低产土壤，作
物产量低而不稳。必须加强潮土的合理利用与改良。

5. 滨海盐土　盐土主要分布在滨海平原。气候干旱、蒸发强烈、地势低
洼、含盐地下水接近地表是盐土形成的主要条件。含盐量高的盐土可出现盐
结皮厚度（小于 3cm）或盐结壳（大于 3cm），在结皮或结壳以下为疏松的盐
与土的混合层，可由几厘米到 50cm；甚至可见盐结盘层。盐分累积的特点是
表聚性很强，逐渐向下盐分递减。沿海地带盐分累积特点是整层土体均含较
高盐分。

滨海盐土的改良应采取灌排、生物及耕作等综合措施；种稻洗盐也是改
良盐土的有效措施。

二、肥料基础知识

（一）肥料的概念与作用

1. 肥料的概念　肥料是提供一种或一种以上植物必需的矿质元素，改善
土壤性质、提高土壤肥力水平的一类物质，是农业生产的物质基础之一。肥
料一般可分为有机肥料和化学肥料，前者养分释放速度较慢，但肥效较长且
兼有提高土壤肥力的作用，相当于医学上的"中药"；而后者养分释放速度快，

但肥效时间短，植物可直接吸收，相当于医学上的"西药"。肥料可以直接施用于植物体，如叶面喷肥等；更多的则是将肥料施入土壤后被植株吸收利用。

2. 肥料的作用　土壤养分是土壤肥力最重要的物质基础，肥料则是土壤养分的主要来源。联合国粮农组织的统计表明，在提高作物单产方面，肥料对增产的贡献额为40％～60％，我国农业部门认为中国的这一比例在40％左右。肥料的具体作用主要有以下两方面：

（1）改良土壤，培肥地力。有机肥料中的主要物质是有机质，施用有机肥料增加了土壤中有机质的含量。有机质可以改善土壤物理、化学和生物特性，熟化土壤，培肥地力。

（2）增加作物产量和提高农产品品质，氨基酸等物质，不氮、磷、钾等养分外，还含有多种糖类，氨基酸等物质，不仅可为作物提供营养，而且可以促进土壤微生物的活动。有机肥料还含有多种微量元素，如畜禽粪便每100kg中含硼2.2～2.4g，锌2.9～29.0g，锰14.3～26.1g，钼0.3～0.4g，有效铁2.9～29.0g。有机肥和化肥配合施用增产效果显著，而且能改善产品的品质，使蔬菜中硝酸盐、亚硝酸盐含量降低，维生素C含量提高，增加瓜果中的含糖量。

但是，长期大量地施用化学肥料，常导致环境污染。为了保持农业生态平衡，应提倡有机肥与化肥配合使用，以便在满足作物对养分需要的同时避免土壤性质恶化和环境污染。

（二）农作物正常发育所必需的营养元素　一般作物生长发育所必需的营养元素有16种之多，即碳、氢、氧、氮、磷、钾、钙、镁、硫、铁、锌、铜、锰、钼、硼以及氯等。

在16种营养元素中，由于植物需要量不同，可分为大量元素、中量和微量元素。需要量较多的元素有碳、氢、氧、氮、磷、钾，它们在各自植物干物质中占百分之几，因而称为大量元素；钙、镁、硫在作物体内的含量为千分之几，称为中量元素；植物需要量较少的元素有铁、锌、铜、锰、钼、硼、氯，它们在植物干物质中仅占万分之几，甚至更少，故称为微量元素。

在这些营养元素中，碳、氢、氧是构成一切植物体的最主要元素，通常占作物干物质重量的90％以上，它们主要从水和空气中获得。氮素通常占作物体干物质总量的1.5％左右，除豆科作物可以从空气中固定一定数量的氮素外，一般作物主要是从土壤中获取的。其他营养元素约占作物体干物质总重量的5％左右的成分中，它们也都是从土壤中获取的。在各种营养元素中，除碳、氢、氧外，作物对土壤中氮、磷、钾三元素的需要量较多，而一般土壤中所含的、能为作物吸收利用的这三种元素又都比较少。因此，农作物产量

的高低和生长状况的好坏，常

受这三种营养元素所左右，并且要经常用施肥的办法补充给土壤，以供给作物吸收利用，所以就把它们称为"肥料三要素"或"氮、磷、钾三要素"。各种营养元素在植物体内所起的作用是同等重要和不可代替的。缺少任何一种营养元素都会对作物产量或品质造成影响。

（三）肥料的种类

1. 有机肥 有机肥料是天然有机质经微生物分解或发酵而成的一类肥料。又称农家肥，含有大量动植物残体、排泄物、生物废物等。其特点是原料来源广，数量大；养分全，含量低；肥效迟而长，须经微生物分解转化后才能为植物所吸收；改土培肥效果好。施用有机肥料不仅能为农作物提供全面的营养，还可增加或更新土壤有机质，促进微生物繁殖，改善土壤的理化性质和生物活性，是农作物生产主要养分的来源。常见的有机肥主要有：堆肥、绿肥、秸秆、饼肥、泥肥、沤肥、厩肥、沼肥、人粪尿和废弃物肥料等。

2. 生物肥 生物肥是指用特定微生物菌种培养生产的具有活性微生物的制剂。生物肥无毒无害、无污染，通过特定微生物的生命活力能增加植物的营养和植物生长激素，促进植物生长。

狭义的生物肥，即指微生物（细菌）肥料，简称菌肥，又称微生物接种剂。它是由具有特殊效能的微生物经过发酵而成的，含有大量有益微生物，施入土壤后，或能固定空气中的氮素，或能活化土壤中的养分，改善植物的营养环境，或在微生物的生命活动过程中，产生活性物质，刺激植物生长的特定微生物制品。

广义的生物肥泛指利用生物技术制造的、对作物具有特定肥效的生物制剂，其有效成分可以是特定的活生物体、生物体的代谢物或基质的转化物等，这种生物体既可以是微生物，也可以是动、植物组织和细胞。生物肥与化学肥料、有机肥料一样，是农业生产中的重要肥源。由于化学肥料和化学农药的大量不合理施用，不仅耗费了大量不可再生的资源，而且破坏了土壤结构，污染了农产品品质和环境，影响了人类的健康生存。因此，从现代农业生产中倡导的绿色农业、生态农业的发展趋势看，不污染环境的无公害生物肥料，必将会在未来农业生产中发挥重要作用。

3. 腐殖类肥 它指泥炭、褐煤、风化煤等含有腐殖酸类物质的肥料，简称腐肥。具有疏松土壤、增加土温、提高土壤阴离子交换量和土壤缓冲性能等作用，并能提供一定量的养分，主要用于园艺和价值较高的经济作物。腐肥能促进作物的生长发育，使作物提早成熟、增加产量、改善品质。其肥效与施用量有关。腐殖酸含量在 20% 以上、速效氮大于 2% 的腐肥每亩用量一般为 100~200kg。可作基肥或追肥。施肥时期宜早，一般采用沟施或穴施，施后覆土。液体腐肥可用于浸种、蘸根或叶面喷施。

4. 无机肥　无机肥为矿质肥料，也叫化学肥料，简称化肥。它具有成分单纯，含有效成分高，易溶于水，分解快，易被根系吸收等特点，故称"速效性肥料"。其种类主要有碳酸氢铵，含氮17%左右；尿素，含氮46%；硫酸铵，含氮20%~21%；钙镁磷肥，含磷14%~18%；硫酸钾，含钾48%~52%。

5. 叶面肥　叶面肥是通过作物叶片为作物提供营养物质的肥料的统称，最常见的有小麦专用叶面肥、水稻专用叶面肥、花生专用叶面肥、果树叶面肥、蔬菜叶面肥和棉花叶面肥等。根据成分和功能的特点，可分为材料营养叶面肥和功能营养叶面肥，还可以分为大量元素叶面肥（氮、磷、钾），中量元素（钙、镁、硫）和微量元素叶面肥（硼、铁、锰、锌、钼等）等。叶面肥是营养元素施用于农作物叶片表面，通过叶片的吸收而发挥基本功能的一种肥料类型。

6. 有机无机复混肥　它指由有机物和无机物混合或化合制成的肥料。包括经无害化处理后的畜禽粪便加入适量的锌、锰、硼、铝等微量元素制成的肥料和以发酵工业废液干燥物质为原料，配合种植蘑菇或养禽用的废弃混合物制成的发酵废液制成的干燥复合肥料。

三、农药基础知识

（一）农药的概念及分类　农药是指用于预防、消灭或者控制危害农业、林业的病、虫、草和其他有害生物以及有目的的调节植物、昆虫生长的化学合成，或者来源于生物、其他天然物质的一种物质或者几种物质的混合物及其制剂。也就是指用于防治危害农业、林业生产的有害生物和调节植物生长的化学药品。

农药按防治对象分为以下几类：杀虫剂、杀菌剂、除草剂、植物生长调节剂、毒鼠剂等。

1. 杀虫剂　杀虫剂是用于防治害虫的农药。有些杀虫剂品种同时具有杀螨和杀线虫的活性，则称之为杀虫杀螨剂或杀虫杀线虫剂。杀虫剂是使用很早、品种最多、用量很大的一类农药。其种类如下。

（1）按其成分及来源分为无机杀虫剂、有机杀虫剂和微生物杀虫剂。有机杀虫剂又可分为天然有机杀虫剂（如除虫菊、柴油乳剂、石油乳剂等）和人工合成有机杀虫剂，人工合成有机杀虫剂包括有机氯类杀虫剂、有机磷类杀虫剂、有机氮类杀虫剂、菊酯类杀虫剂和其他杀虫剂。

（2）按其作用或效应分为胃毒剂、触杀剂、熏蒸剂、内吸剂、拒食剂、引诱剂、不育剂和特异性昆虫生长调节剂等。胃毒剂是一种昆虫通过消化器

官将药剂吸收而显示毒杀作
用；触杀剂主要是药剂接触到昆虫，通过昆虫的呼吸道侵入体内而发生作用来杀死昆虫；熏蒸剂可以以气体状态散发于空气中，通过昆虫的呼吸道侵入虫体使其致死；内吸剂一般是通过药剂被植物的根、茎、叶或种子吸收，当昆虫吸食这种植物的液汁时，将药剂吸入虫体内使其中毒死亡；拒食剂是昆虫受药剂作用后拒绝摄食，从而饥饿而死；引诱剂能将昆虫诱集在一起，以便捕杀或用杀虫剂毒杀；不育剂可以使昆虫失去生育能力，从而降低害虫数量。

2. **杀菌剂**　杀菌剂是用于防治由各种病原微生物引起的植物病害的一类农药。凡是对病原物有杀死作用或抑制生长作用，但又不防碍植物正常生长的药剂，统称为杀菌剂。杀菌剂可根据作用方式、原料来源及化学组成进行分类。

（1）按杀菌剂的原料来源分为无机杀菌剂（如石硫合剂、硫酸铜、波尔多液等）、有机硫杀菌剂（福美锌、代森锌、代森锰锌、福美双等）、有机磷杀菌剂（稻瘟净等）、有机砷杀菌剂（退菌特、福美胂等）、取代苯类杀菌剂（如甲基托布津、百菌清、敌克松等）、唑类杀菌剂（如粉锈宁、多菌灵、噻菌灵等）、抗菌素类杀菌剂（井冈霉素、多抗霉素、春雷霉素、农用链霉素等）、复配杀菌剂和其他杀菌剂。

（2）按杀菌剂的使用方式分为保护剂、治疗剂和铲除剂。在病原微生物没有接触植物或没浸入植物体之前，用药剂处理植物或周围环境，达到抑制病原孢子萌发或杀死萌发的病原孢子，以保护植物免受其害，这种作用称为保护作用。具有此种作用的药剂为保护剂。如波尔多液、代森锌、硫酸铜、代森锰锌、百菌清等。病原微生物已经侵入植物体内，但植物表现病症处于潜伏期。药物从植物表皮渗入植物组织内部，经输导、扩散、或产生代谢物来杀死或抑制病原，使病株不再受害，并恢复健康。具有这种治疗作用的药剂称为治疗剂或化学治疗剂。如甲基托布津、多菌灵、春雷霉素等。铲除剂指植物感病后施药能直接杀死已侵入植物的病原物的药剂，如福美砷、五氯酚钠、石硫合剂等。

（3）按杀菌剂在植物体内传导特性分为内吸性杀菌剂和非内吸性杀菌剂。内吸性杀菌剂能被植物叶、茎、根、种子吸收进入植物体内，经植物体液输导、扩散、存留或产生代谢物，可防治一些深入到植物体内或种子胚乳内的病害，以保护作物不受病原物的侵染或对已感病的植物进行治疗，因此，具有治疗和保护作用。如多菌灵、甲霜灵、甲基托布津、敌克松、粉锈宁等。非内吸性杀菌剂是指药剂不能被植物内吸并传导、存留。目前，大多数品种都是非内吸性的杀菌剂，此类药剂不易使病原物产生抗药性，比较经济，但大多数只具有保护作用，不能防治深入植物体内的病害。如硫酸铜、百菌清、波尔多液、代森锰锌、福美双、百菌清等。

3. 除草剂　除草剂是指可使杂草彻底地或选择地发生枯死的药剂。在除草剂的使用中,首要的问题是考虑对作物的安全性,因为除草剂容易发生药害,严重时还会造成死苗减产的后果。除草剂主要有以下品种。

(1)用于播前茎叶处理的百草枯、草甘膦等。

(2)用于苗后茎叶处理的巨星、虎威等。

(3)用于播后苗前土壤处理的乙草胺、丁草胺、金都尔、施田补等。

(4)用于苗后土壤处理的瑞飞特、杀草丹等。

4. 植物生长调节剂　植物生长调节剂是指人工合成,能按人的意愿调节农作物生长发育等多种功效的药剂。将在后面作专门介绍。

(二)农药的毒性与安全间隔期

1. 农药的毒性

农药毒性。所有农药对人、畜、禽、鱼和其他养殖动物都是有毒害的。使用不当,常常引起中毒死亡。不同的农药,由于分子结构组成的不同,因而其毒性大小、药性强弱和残效期也就各不相同。衡量农药毒性的大小,通常是以致死量或致死浓度作为指标的。根据农药致死中量(LD50)的多少可将农药的毒性分为以下5级。

①剧毒农药。致死中量为1~50mg/kg体重。如久效磷、磷胺、甲胺磷、苏化203、3911等。

②高毒农药。致死中量为51~100mg/kg体重。如呋喃丹、氟乙酰胺、氰化物、401、磷化锌、磷化铝、砒霜等。

③中毒农药。致死中量为101~500mg/kg体重。如乐果、叶蝉散、速灭威、敌克松、402、菊酯类农药等。

④低毒农药。致死中量为501~5000mg/kg体重。如敌百虫、杀虫双、马拉硫磷、辛硫磷、乙酰甲胺磷、二甲四氯、丁草胺、草甘膦、托布津、氟乐灵、苯达松、阿特拉津等。

⑤微毒农药。致死中量为5000mg/kg体重。如多菌灵、百菌清、乙膦铝、代森锌、灭菌丹、西玛津等。

剧毒和高毒农药不得用于果类生产中。

2. 安全间隔期　农药的安全间隔期,是指最后一次施药至收获果品前的时期,即自喷药到残留量降至允许残留量所需的时间。各种药剂因其分解、消失的速度不同,加之果树的生长趋势和季节不同,其施用农药后的安全间隔期也不同。在果树生产中,最后一次喷药与果品收获之间的时间必须大于安全间隔期,不允许在安全间隔期内收获产品。

(三)合理使用农药　合理使用农药主要应注意以下几点。

　　1.根据病虫害的种类选
择适合的农药　农业上发生的病害主要是由真菌、细菌和病毒3类不同的病
原菌造成的。不同病原菌所造成的病害在防治时应使用不同的农药。

　　在发生的病害中，大多数是真菌病害。在防治真菌病害时，有一些农药
防治的对象比较广，如：百菌清，不仅可防治子囊菌、半知菌所引起的病害，
还可以防治由鞭毛菌所引起的病害。而像甲基托布津这类农药则对子囊菌、
半知菌引起的病害有效，对鞭毛菌引起的病害防效则很差。同样像瑞毒霉类
农药，只能用于防治霜霉病、晚疫病等由鞭毛菌引起的病害，对其他类别的
病害无效。而像果树根癌病等细菌性病害，上述农药几乎无效，应使用硫酸
链霉素、新植霉素等专门防治细菌病害的农药。

　　但也有一些农药不仅对真菌性病害有效，对细菌性病害也同样有效，如
各种铜制剂，像波尔多液、可杀得、绿乳铜等等。

　　防治由病毒引起的病害，其方法与防治真菌和细菌性病害有很大的差别。
现在还没有能有效杀死病毒的药剂，植株染上病毒后，将终生带毒，任何一
种农药均无法将体内已有的病毒消灭掉。因此防治病毒病，越早越好，必须
在植株成株期以前用药，配合使用一些促进生长的药剂，使植株在成株以前
病害的症状不表现，当植株长成以后，即便体内带有病毒，对产量的影响也
不会太大。当然，防治病毒病的关键是预防，必须从种子处理开始，杜绝一
切可以传染病毒的途径。

　　在害虫的防治中，也应遵循相同的原则。例如：防治一些刺吸式口器的
害虫，如蚜虫、介壳虫、粉虱、叶蝉等，应多选择具有内吸作用的杀虫剂，
像吡虫啉等；防治那些虫体暴露在外的害虫，如食叶害虫等，应使用触杀性
和胃毒性农药，如菊酯类农药；防治那些以幼虫造成为害的害虫，如鳞翅目、
鞘翅目、双翅目等的害虫，可考虑使用灭幼脲3号等一类特异性的、专门对
付幼虫的农药；对一些潜食性的害虫如潜叶蛾、潜叶蝇等，应使用具有较强
渗透性的农药，如阿维菌素类；对于害螨类，最好使用杀螨剂，如哒螨酮、
霸螨灵、螨死净等。

　　2.根据病虫害发生环境，正确选择农药剂型和使用方法　例如在冬春
季的温室大棚果树中，常见的病害有霜霉病、灰霉病等，这些病害都有一个
共同的特点，即发病需要高湿度。如大棚果树夜晚植株结水是霜霉病发病的
必备条件，灰霉病的发生则需要94%左右的相对湿度。在冬春季，常常会遇
到连续多日的低温阴天，大棚无法通风换气，导致温室大棚中出现高湿度，
从而引发以上病害的发生和流行。为了控制病情的发展，必须使用杀菌剂进
行防治。但在防治中，如果像在大田生产中那样使用液体喷雾，反而会增加
温室大棚中的湿度，有时还会加重病情。如果我们选择使用烟剂或者粉尘剂
进行防治，就不会增加湿度，防治的效果会更好。

在防治果树蚜虫时，很多农药例如敌敌畏等，对有些果树有严重的药害，如果前期使用可造成桃树的落叶和落果。可以将生长期树体喷药改为果树开花前使用内吸性的杀虫剂涂抹树体，这样既有良好的防治效果，又省药，且不造成药害。

3.根据病虫害发生特点，选择恰当的防治时间　当防治由真菌和细菌引起的多数病害时，并不是喷药越早效果越好。如果病害还未发生，便开始喷药，不仅起不到应有的效果，浪费了农药，污染了环境，而且还容易引起病害的抗药性，应当病害初发生时，进行防治。

在害虫防治时，主要从以下3个方面，选择最佳的防治时间。

（1）选择害虫低龄时进行防治。低龄害虫抗药性差，随着龄期的增加，抗药性会随之增加。很多害虫在低龄时常常营群聚生活，以后再分散，低龄时防治，效果好。蚧类、粉虱类害虫，身体上有一个药液很难渗入的介壳，或一层蜡质的粉层，但在1龄时它们身体上的介壳尚未形成，或体上的蜡质层较薄，药液容易进到害虫体内，可使用触杀性杀虫剂进行防治。而一旦形成了介壳，或体上形成较厚的蜡质层，这些触杀性的杀虫剂便无能为力了。

（2）应在害虫在田间扩散前用药。尤其是防治那些身体较小的虫种，如蚜虫类、叶螨类等。这类害虫在发生初期往往呈点片发生，在扩散前防治，用药集中，省时、省事、省钱，能有效的控制为害。

（3）对那些营钻蛀性的害虫，必须在蛀入前防治。如防治桃小食心虫应在小幼虫孵化后在果面上爬行，寻找蛀入处，在未蛀入前进行。一旦这些害虫蛀入果实中后，便无法防治。除钻蛀性害虫外，对那些能够造成卷叶、虫瘿的害虫，也应遵循相同的原则。

四、生长调节剂应用基础知识

果树的正常生长发育不仅依赖阳光、温度、水分、空气和无机盐类等外部环境条件，而且还受自身体内产生的一些非营养性的微量有机物质的影响，这些物质在体内的一定部位产生，并运输到其他部位，对果树器官的形成、生长发育和各种生理过程起着显著的调节控制作用。这些果树体内产生的生理活性物质称为植物激素或植物内源激素。随着对植物激素作用与功能的进一步研究，人们又先后合成了多种与植物激素功能相似的物质，称作植物生长调节剂。

（一）生长调节剂的作用

1.调控营养生长　延缓或抑制新梢生长，矮化树冠；控制顶端优势、促进侧芽萌发，增加枝量，改变枝类；促进或延迟芽的萌发；开张枝条角度。控制萌蘖的发生；打破种子休眠。

2.调节花芽分化，控制

大小年　抑制花芽分化，减少花芽数量；促进花芽形成。

3.调节果实的生长发育　诱导单性结实；促进果实生长；促进果实成熟；延迟成熟和延缓衰老；疏花疏果；防止采前落果；辅助采收，脱青皮等。

4.促进生根　扦插生根；苗木移栽促进成活；组培苗的分化。

（二）生长调节剂在果树生产中的应用

1.在繁殖中的应用

（1）打破种子休眠、促进发芽。大多数落叶果树的种子，需要经过一定时期层积处理才能萌发。研究表明，层积处理后的种子内源赤霉素、细胞分裂素或乙烯含量增加。已发现至少有3种激素参与种子萌发。但不同种类的种子所产生的激素不同，因此用于打破休眠所用的激素种类也不相同。

①赤霉素处理。处理桃子种子和葡萄种子可缩短层积天数，处理柑橘种子可以提高发芽率。

②乙烯利处理。用乙烯利溶液浸泡柑橘种子可增进发芽，乙烯利处理还可打破草莓种子的休眠。

（2）促进枝条生根。各种生长素均有促进生根的作用，但对不同种类效果不同，使用浓度也不一样。一般情况，吲哚丁酸的效果最好，应用范围也较广。处理方法有低浓度长时间和高浓度短时间两种方法。处理梨的休眠枝条、桃的绿枝插条，两周即可生根。另外吲哚乙酸、吲哚丁酸和萘乙酸对葡萄插条生根均有一定效果。

将几种生长素混合制成的生根粉（ABT），目前正广泛用于扦插生根中。

（3）促进嫁接伤口愈合。对嫁接伤口，特别是芽接伤口涂抹吲哚乙酸可以促进伤口愈合。苄基腺嘌呤涂抹接芽也可促进嫁接后芽的生长。

2.对营养生长的调控

（1）促进生长。有时由于低温或其他原因会造成果树萌芽延迟，影响营养生长及开花坐果，或嫁接后萌发迟缓，可用赤霉素处理。以打破休眠，促进萌发；苄基腺嘌呤浸泡葡萄插条也可提高萌芽率；赤霉素可使柑橘插条新梢延长生长，并促进幼苗茎的生长。

（2）抑制生长。梨用矮壮素处理可控制生长并促进花芽分化，矮壮素对抑制葡萄新梢生长和柑橘茎、根生长也有效。

（3）对树体的控制用以代替人工整枝。

①化学摘心，抑制顶端优势。为了促进多分枝，早结果，往往在苗圃时就进行摘心。化学摘心可节省大量人力。可在树高60~70cm时，对15~20cm长的葡萄、梨新梢顶端喷施脂肪酸、甲基酸，10d后顶端停止生长，侧枝长出。

②化学整枝。用含有 1% 萘乙酸的修剪漆涂抹剪口下第二、第三、第四芽，可抑制其萌发和生长。

③促进分枝。对发芽较弱的苹果用以 BA 为主要成分的发枝素进行处理，可提高侧枝萌发能力，且分枝角度增大。方法是在不易萌发的芽上涂抹发枝素，该芽即可萌发成枝。

3. 促进或抑制花芽形成

（1）促进花芽形成。对生长旺盛的苹果树花后喷乙烯利或三碘苯甲酸可有效地促进花芽的形成；梨一般于盛花后喷施矮壮素可控制新梢生长，提高第二年产量。

（2）抑制花芽形成。梨修剪不当常形成大小年。在大年的花芽形成前 2~6 周时，用 CA_{4+7} 处理可抑制过多的花芽形成；桃则用 CA_3 处理即可，用 CA_3 处理柑橘也在广大地区应用。一般浓度越高，花芽形成越少，开花也相应延迟。

另外，秋季喷赤霉素还可延迟葡萄、核果类的开花，乙烯利则可延迟樱桃的开花。

4. 促进坐果与疏花疏果

（1）促进坐果。可通过诱导单性结果提高坐果率。单性结实对有些果树是天然的特性，但多数种类在正常情况下不能单性结实，可通过植物生长调节剂处理实现。葡萄单性结果的诱导是最成功的。生产上多用 CA_3 于开花前 10~20d 到花后的一段时间处理，均可促进子房生长，比有籽果实略长或更大。成熟期提前 28~35d，糖度增加，颜色较深。

赤霉素也可诱导柑橘、梨及桃的单性结实，但效果不如葡萄好，有果实变小、变长等现象。

（2）促进果实生长。谢花后用赤霉素处理或坐果期喷果，可使葡萄果实增大，对无籽白葡萄和雌性花品种效果更好。

（3）防止生理落果。盛花后 15d 是葡萄的生理落果高峰期，对产量影响较大。在开花前用 4 氯苯氧乙酸处理果穗可防止落果。2,4-D、2,4,5-T 也有同样的效果。一些生长抑制剂如矮壮素、马来酰肼也有提高坐果率的作用。CA_3 可减少柑橘半大果的脱落。

（4）疏花疏果。用于梨、柑橘、桃疏花疏果的生长素类有萘乙酸和萘乙酰胺。乙烯利在桃的疏果中效果较好。另外，整形素、赤霉素也用在一些果树的疏花疏果上。

（5）促进果实松动，便于机械化采收。乙烯利处理可作为樱桃、李等多种果树机械采收的辅助手段。于采收前 7~14d 喷施甜樱桃，采前 6~7d 处理葡萄，采前 7~8d 处理李子，都有明显的松动效应。柑橘用环己亚胺处理，松动效果较好。

5.促进或延迟果实成熟

（1）促进果实成熟。已知乙烯是加速果实成熟的有效成分，脱落酸也有类似作用。因此，促进果实成熟主要是利用乙烯和生长抑制剂。

乙烯对多种水果催熟效果明显，葡萄的催熟是用乙烯利溶液沾果穗，可提早4~6d收获。可促进果实成熟的还有果宝素，它也是通过植株吸收后产生乙烯而起作用，主要用于促进柑橘、桃的着色及成熟。于采收前3~4周喷施早熟桃品种，可早熟3~10d，中熟品种早熟5~7d。

（2）延迟果实成熟。生长素、赤霉素类具有延长生长的作用，也有延迟果实成熟的作用。

（三）生长调节剂使用中应注意问题

1.选用恰当的生长调节剂种类　不同的植物生长调节剂对果树起不同的调节作用，有的促进生长，有的抑制生长，有的延缓生长，要根据生产上需要解决的问题、调节剂的性质、功能及经济条件选择合适的调节剂种类。

2.注意不同树种和不同品种对生长调节剂的反应　不同树种、品种对调节剂的敏感程度不同，要据此选用不同调节剂种类、使用浓度。

3.注意做小规模试验　因受气候、生长调节剂质量、剂型等各种因素影响，在使用时不能按统一的标准。果树种类不同、品种不同，即使同一果树、同一品种也会因气候、土壤的不同也有差异，在大面积处理前，一定要先做小规模的试验，以确定适宜的调节剂种类、浓度、剂型，达到科学合理使用。

4.配置药剂的容器要洗净　不同的调节剂有不同的酸碱度等理化性质，配置药剂的容器一定要干净、清洁。盛过碱性药剂的容器，未经清洗盛酸性药剂时会失效；盛抑制生长的调节剂后，又盛促进剂也不能发挥效果。如生产上使用青鲜素，一般浓度较高，若有残留，不经清洗，用来处理低剂量防止落果时，将引起果树落叶又落果，得到相反效果。

5.注意使用时期和时间　生长调节剂在果树生长发育某一环节起作用，使用时期一定要得当，过早或过晚都得不到理想的效果。如萘乙酸在幼果期使用起疏果作用，而在采果前使用可防采前落果。一定要在适宜时期应用，同时注意使用的时间，一般在晴朗无风天的上午10时前较好，雨天不要使用。

6.注意选适宜的浓度和剂型　生长调节剂活性强，使用时要选合适的浓度，浓度过低起不到作用，过高又会起相反作用。同时还要选合适的剂型，一般喷洒用水剂，土壤使用粉剂。

7.注意使用方式　根据调节剂进入果树体内作用途径选使用方式，例如：多效唑通过根部吸收，可施入土中。

8.注意处理部位　根据问题实质决定处理的部位。如用2,4-D防落花落果，要把药剂涂在花朵上，抑制离层的形成，若用2,4-D处理幼叶则造成伤害。

9.注意果树长势和气候的变化　一般长势好的浓度可稍高，长势一般的用常规浓度，长势弱的浓度要稍低，甚至不用。温度高低对调节剂影响也很大，温度高时反应快，温度低时反应慢，故在冬夏季节使用的浓度应有所不同。

10.注意使用的次数和剂量　要根据果树的反应决定使用的次数，一般一次，但若效果不佳就要多次，对反应极敏感的可少量多次。使用的剂量也要控制，如水剂喷施以湿为度。

11.采用多种药剂配合使用　有时生产上需要同时解决几个问题，可配合使用。对互相不起化学反应的可混合使用，起到扬长避短、事半功倍的效果。但有的药剂，如丁酰肼不宜与其他碱性药剂混用，否则影响效果。

12.注意生长调节剂的存放　许多植物生长调节剂本身并不十分稳定，如吲哚乙酸见光分解，丰果乐、西威因遇碱遇酸失效，萘乙酸甲酯有挥发性，一定要根据其理化性质妥善存放，否则会降低药效。

总之，在果树上应用生长调节剂一定要"既积极又慎重"，各方面因素综合考虑，才能达到目的。

复习思考题

1.浙江有几种主要土壤类型？

2.主要肥料种类有哪些？

3.怎样合理使用农药？

第六节　水果采后处理基础知识

一、水果采收知识

（一）果实采收时期　采收期早晚对果品产量、品质以及贮藏有很大的影响，采收过早，果品产量低，品质差，耐贮性也低；采收过晚，果肉松软发绵，降低贮运力，减少树体贮藏营养的积累，容易发生大小年现象和减弱树体的越冬能力。因此，正确确定果实的成熟度，适时采收，才能获得高产量、优质和耐贮藏的果品。

采收期的确定，一是根据果实的成熟度；二是根据市场需求及贮藏、运输、加工的需要；三是根据劳动力的安排、栽培管理水平、树种和品种特性以及气候条件等因素。有些品种，同一树体果实的成熟期很不一致，应分期采收。树体衰弱、粗放管理和病虫为害而早期落叶的，必须提早采收，以免影响树体越冬能力。

（二）采收方法　采收过程中，应防止一切机械伤害，如指甲伤、碰伤、擦伤、压伤等。果实有了伤口，微生物极易侵入，会促进果实的呼吸作用，降低耐贮性。此外，还要防止折断果枝、碰掉花芽和叶芽，以免影响次年的产量。果柄与果枝容易分离的仁果类、核果类果实，可以直接用手采摘。采时要防止果柄掉落，因为无柄的果实不仅果品等级下降，而且也不耐贮藏。果柄与果枝结合较牢固的（如葡萄等），可用剪刀剪取。板栗等干果，可用竹竿由内向外顺枝打落，然后捡拾。采收时，应按先下后上、先外后内的顺序采收，以免碰落其他果实，造成损失。

为了保证果实应有的品质，在采收过程中，一定要尽量使果实完整无损，采果、捡果要轻拿轻放；供采果用的筐（篓）或箱内部应垫蒲包、麻袋片等软物；应减少换筐次数；运输过程中防止挤、压、抛、碰、撞。

除人工采收外，还有化学采收和机械采收等方法，但都处于试验阶段，实际应用较少。

二、水果分级包装知识

（一）果实分级　果实分级的主要目的是使其达到一定的商品标准。分级时，将大小不匀、色泽不一、感病及有损伤的果实，按照规定的分级标准进行大小分级及品质选择，不合格的作为等外果处理。分级方法主要有手工操作，凭感官，但也有将果实放在运输带上使其移动，再从中挑选分级的。

（二）果实包装　果实包装是标准化、商品化、保证运输和贮藏的重要措施。在现代商品运输中，包装尤为重要。它不仅起着保护果实品质的作用，而且是降低费用、扩大销售的重要因素之一。有了合理的包装，才有可能使果实在运输中保持良好的状态，安全地到达目的地。合理的包装可以减少因互相摩擦、碰撞、挤压而造成的机械损伤，减少病害的蔓延，避免果实发热和温度剧烈变化所引起的损失。

水果包装分为普通包装和精品包装。普通包装指的是大众包装，像桃、梨等，一个包装会有10多千克的分量，这就需要包装要坚挺，耐得住挤压。精品包装指的是礼盒包装，礼盒包装分为大礼盒、中礼盒、小礼盒等。这种包装箱都以精致美观为前提，多以礼品水果为主。

三、水果贮藏知识

（一）影响水果贮藏的因素　水果贮藏的最终目的是为了保持果实新鲜和具有较好的品质及风味，因此需要采用综合性措施，包括提高果实采前耐贮性的措施，水果贮藏期的长短和保鲜质量的好坏，主要受4个环节的制约。一是采前因素，包括品种、施肥、灌溉、防治病虫害、修剪和疏花疏果；二是采收到入库贮藏前，包括采收、包装和运输等；三是贮藏期间的管理，包括温度、湿度、通风换气；四是出库、销售。这4个环节环环相扣，如果有一个环节出问题，就会影响其他环节。

1. 采前因素对水果贮藏性能的影响　采前因素通常也叫栽培措施，是水果贮藏保鲜的基础。要想获得良好的贮藏效果，必须要求入库的果品外观好(大小适宜、果形色泽端正、无病虫害)，风味正。这些与下列因素有关。

(1)品种。同一类果品不同品种，其耐贮性有很大的差异。一般来说，生长期越长，越耐贮藏。早熟品种不耐贮藏，晚熟品种耐贮藏；山区种植的比平原的耐贮藏，而且品质好。

葡萄中有色品种比无色品种耐贮藏，晚熟品种比早熟品种耐贮藏。

柑橘中的橙、柑、橘3个种类中，橙、柑较耐贮藏，如橙类的甜橙、锦橙、脐橙，柑类的芦柑、广柑等；橘类不能作长期贮藏。

梨中比较耐贮藏的有鸭梨、雪花梨、酥梨、苹果梨等。

(2)施肥。施肥与果实的品质、贮藏性能有密切关系，要做到合理施肥。氮肥不足，则枝叶生长差，果形变小；氮肥过多，则表现枝叶徒长，病虫增多，着色不良，耐贮性降低。磷肥缺乏时，新梢和细根发生显著不足，果实含糖量下降，味淡；磷肥过多，会引起缺铁、缺锌等症。钾肥施用适当，促进枝条粗壮成熟，提高抗旱能力，促进果实成熟，提高品质和耐贮性。

为了提高果实的品质和耐贮性，应根据土壤肥力和果实生长情况，多施有机肥或复合肥料，避免过多单施氮肥，并根据果树生长情况适量喷施微量元素肥料，如钙、铁、锌、锰肥等。

(3)灌溉。合理灌溉对改善耐贮性也是十分重要的。多数落叶果树，在临近果实采收期之前半个月，若土壤不十分干旱，就不宜灌溉，以免降低果实品质或引起裂果。尤其是浆果类，如作为贮藏用的葡萄，采收前7~10d应停止灌溉，否则会降低葡萄的含糖量，影响贮藏。

(4)防治病虫害。作为贮藏用的果实一定要选择无虫眼、无病菌感染的健康果。

2. 水果采收、分级、包装和运输中的影响　水果的采收时间是否恰当、采收技术是否合理、分级时等外果有否剔除、包装是否合理以及运输过程中有否对果实造成机械损伤等都是影响贮藏的因素，因此在上述工序的操作中，应尽可能做到合理、正确，减少果实的损伤，保证果实的质量，打好贮藏的基础。

3. 水果贮藏期间的管理　贮藏期间不仅要考虑贮藏环境的温度、相对湿度、气体成分，还应综合考虑三者之间的关系，在生产实践中依据不同的果品寻找三者之间的最佳配合，使果品尽量处于适宜的低温、高湿及适宜氧气、二氧化碳气体成分的环境中。

（1）桃、李的贮藏期间

管理。桃、李适宜的贮藏温度为 0~1℃，但长期在 0℃贮藏果品容易发生冷害，需要采取控制冷害的方法。相对湿度应控制在 90%~95%，相对湿度过高，易引起腐烂，加重冷害的症状；相对湿度过低，会引起过度失水、失重，影响产品性，从而造成不应有的经济损失。桃在氧气浓度 1%、二氧化碳浓度 5%的气调条件下，可加倍延长贮藏期（温、湿度等其他条件相民情况下）。李以氧气浓度 3%~5%、二氧化碳浓度 5%为适宜的气调状态。

（2）葡萄贮藏期间的管理。葡萄的贮藏温度以 -1~0℃为宜。葡萄需要较高的相对湿度，适宜的相对湿度为 90%~95%；降低环境中氧气浓度，提高二氧化碳浓度，对葡萄贮藏有积极效应。一般认为氧气 2%~4%、二氧化碳 3%~5%的组合适合于大多数葡萄品种，但在贮藏实践中还应慎重从事。

（二）水果贮藏方法　由于水果是鲜活的，因此，贮存过程中容易发生霉变、鼠害虫害、溶化或结块、氧化、破碎、渗漏，适宜的贮存方法有以下几种。

1.常规贮藏　即一般库房，不配备其他特殊性技术措施的贮藏。这种贮藏的特点是简便易行，适宜含水分较少的干性耐储水果的贮藏。采用这种贮藏方式应注意两点，一是要通风，二是贮藏时间不宜过长。

2.窖窖贮藏　特点是贮藏环境氧气稀薄，二氧化碳浓度较高，能抑制微生物活动和各种害虫的繁殖，而且不易受外界温度、湿度和气压变化的影响，是一种简便易行、经济适用的水果贮藏方式。

贮藏窖包括棚窖、井窖和窖窖三种类型。在南方也有使用窖藏。这些窖多是根据当地自然、地理条件的特点进行建造。由于土壤导热系数小，贮藏窖内温度变化缓慢而稳定，而土层越深温度越稳定，这有利于通过简单的通风设备来调解和控制。由于贮藏窖具有一定深度，不仅保温而且保湿，贮藏窖和堆藏相比可随时入窖出窖，便于检查和管理。

3.冷库贮藏　能够延缓微生物的活动，抑制酶的活性，以减弱水果在贮藏时的生理化学变化，保持应有品质。这种贮藏方式的特点是效果好，但费用较高。

4.干燥贮藏　有自然干燥和人工干燥两种。干燥的目的是为了降低贮藏环境和水果本身的湿度，以消除微生物生长繁殖的条件，防止水果发霉变质。

5.密封贮藏　密封贮藏虽然投资较大，但贮藏效果良好，是现代水果贮藏研究和发展的方向。它适宜各种水果，特别是鲜活果品的贮藏。

6.放射线处理贮藏　利用放射线辐射方法消灭危害水果的各种微生物和病虫害，延长贮藏时间，是一种有效保证水果质量的"冷态杀菌"贮藏方式。

四、水果保鲜知识

水果的保鲜主要有物理保鲜、化学保鲜、电子保鲜、乙烯控制、杀菌防霉和生物技术保鲜等技术。

(一)物理保鲜技术 水果的物理保鲜技术包括低温保鲜、气调保鲜和调压保鲜等。

1. 冷藏和冻藏保鲜 冷藏和冻藏是现代水果低温保鲜的主要方式。水果的冷藏温度范围为 0~15℃，冷藏可以降低病源菌的发生率和产品的腐烂率，还可以减缓水果的呼吸代谢过程，从而达到阻止衰败，延长贮藏期的目的。冻藏是利用 −18℃的低温，抑制微生物和酶的活性，延长水果保存期的一种贮藏方式。现代冷冻机械的出现，使冻藏可以在快速冻结以后再进行，大大地改善了冻藏水果的品质，适用于冻藏保鲜的水果有草莓、杨梅等。

2. 气调贮藏保鲜 气调贮藏是通过调节贮藏环境中氧气和二氧化碳的比例，抑制水果的呼吸强度，以延长水果贮存期的一种贮藏方式，也是当今最先进的可广泛应用的水果保鲜技术之一。

气调贮藏有以下功能：一是延迟果实之老化(或完熟)及其所伴随之生理变化，诸如呼吸速率和乙烯产生速率的减慢、软化和组成分之变化等而延长果实贮藏寿命。二是在低氧(<8%)或高二氧化碳(>1%)的条件下，降低乙烯对果实作用之灵敏度。三是直接或间接的抑制收获后病原菌危害品而导致腐败；例如，把二氧化碳提高到 10%~15%，则可有抑制灰霉病菌在某些果实所引起之病害。

3. 调压保鲜 调压保鲜技术是新的水果贮藏保鲜技术，包括减压贮藏和加压贮藏。减压贮藏又称为低压贮藏，是在传统气调库的基础上，将室内的气体抽出一部分使压力降低到一定程度，限制微生物繁殖和保持水果最低限度的呼吸需要，从而达到保鲜目的。加压保鲜与减压贮藏具有异曲同工的技术思想体系，这一技术的研究也以装置系统的研制为基础。

(二)化学保鲜技术 化学保鲜技术主要是应用化学药剂对水果进行处理保鲜，这些化学药剂可以统称为保鲜剂。根据其使用方法的不同，保鲜剂可以分为吸附型、浸泡型、熏蒸型和涂膜型保鲜剂。

1. 吸附型保鲜剂 吸附型保鲜剂主要用于清除贮藏环境中的乙烯，降低氧气的含量，脱除过多的二氧化碳，抑制水果后熟。主要包括乙烯吸收剂、吸氧剂和二氧化碳吸附剂等制剂。

2. 浸泡型保鲜剂 浸泡型保鲜剂经稀释制成水溶液，浸泡果品达到防腐保鲜的目的。该类药剂能够杀死和控制水果表面或内部的病原微生物，有的还可以调节水果代谢。此类药剂包括防护型杀菌剂、内吸型杀菌剂、新型抑制剂和植物生长调节剂等。

3. 熏蒸型保鲜剂 熏蒸型保鲜剂在室温条件下能够挥发，以气体形式抑制或杀死水果表面的病原微生物。使用时需选择对水果毒害作用较小的保鲜剂。

4.涂膜型保鲜剂 涂膜型保鲜剂是用石蜡和成膜物质涂于水果表面，减少水果水分损失，抑制呼吸，延缓后熟衰老，阻止微生物侵染的一种保鲜剂。目前一些天然防腐剂，如壳聚糖、魔芋胶、植酸型物质的研究与应用为水果的保鲜提供了新的选择。

（三）电子保鲜技术 随着微波技术和现代电子技术的发展，这些技术在水果保鲜中的应用也有较大的发展。目前，应用较多的有辐照保鲜、静电场保鲜、臭氧及负离子气体保鲜等几种保鲜技术。

臭氧在水果贮藏中的应用中，除了具有杀灭或抑制霉菌生长、防止腐烂作用之外，还具有防止老化等保鲜作用。臭氧可在杀菌防霉与快速分解乙烯以减缓新陈代谢两个方面发挥作用，推迟后熟、老化和腐烂，同包装、冷藏、气调等手段一起配合提高保鲜效果。

臭氧在冷库杀菌、保鲜、防霉分3个阶段：空库杀菌、消毒，入库杀菌、保鲜和日常防霉，目的是减少霉菌、酵母菌造成的腐烂。入库前空库消毒，空库消毒安排在入库前3~6d，将臭氧发生器开机24h，轮番消毒，臭氧浓度保持在5~10mg/kg，入库前1~2d停机封库，在气调设备正常运转后，每一时段根据提供的技术资料定量加入一定浓度的臭氧即可。入库预冷杀菌由于冷风机一直开动难以建立起臭氧浓度。这时应将臭氧发生器放在库内距冷风机最远端。此时产生的臭氧借助冷风机带动空气流动而与水果表面接触，起到部分杀菌作用。在装袋前可一直开臭氧，由于贮量大、空气流动，不会达到2.5mg/kg的伤害浓度。日常防霉对于气调库与气调大帐要在调节补充空气时，同时通入臭氧，这时应选用有压力、臭氧浓度适中的臭氧源。水果的包装要有利于接触、扩散，纸箱侧面的孔要捅开，不要码成大垛。

（四）乙烯控制技术 从植物学而言，乙烯是一种植物生长调解剂，早在1901年就已发现它的存在可以影响植物的生长和发育。乙烯主要来源为，一是外在环境污染，如内燃机或工厂排出的废气。在某些情况下，电动马达或照明设备也可能释出乙烯。二是在果实后熟过程中释放出来。三是由受到创伤或有病虫害的农产品所产生。防止乙烯伤害之方法有3种。

1.规避乙烯污染 如小心处理产品以避免因伤害而增加乙烯生产；避免将产生高乙烯量与对乙烯敏感的产品混合装运或贮藏。

2.排除贮运环境中的乙烯 如运输中用含高锰酸钾的乙烯吸收剂除去箱中少量的乙烯。

3.使用乙烯抑制剂 此为世界产品保鲜最新趋势，分两种不同的反应机制：一是乙烯合成阻碍剂。此种化学剂只能抑制乙烯的合成，但不能阻碍外源乙烯所造成的负面效应。乙烯受体阻碍剂的直接控制植物对乙烯反应的机制有效。乙烯合成阻碍剂如AVG类的商品，仅用在苹果收获前以延缓收获，而不常用在果实采收后的保鲜。二是甲基环丙烯。甲基环丙烯是最近在商业应用上最具突破性之水果保鲜技术。很多如二氧化碳之化合物，虽亦能与植物受体结合而抑制乙烯作用，但因是可逆反应，效用不持久，商业应用价值不大。

（五）杀菌防霉技术　水果每年采收后因病虫害而造成的损失约占10%～20%，某些高温和高湿的热带及亚热带地区损失高达50%。另外，由于病、虫害造成水果腐败而导致乙烯产生，会加速水果老化及腐烂。

一般病害防治，除了保持清洁卫生外，可采取物理及化学防治法。物理防治包括热处理、冷处理、气调及辐射防治。化学防治法包括消毒及防霉杀菌剂。

生鲜果品放置过久，细胞组织离析，为微生物滋长创造了条件。食物被空气、光和热氧化，产生异味和过氧化物，有致癌作用。食物未进行保鲜处理保存在冰箱中，仍会腐败变质，只是速度放慢而已。食品为防止微生物的侵袭，必须进行防腐处理，不过是除菌、灭菌、防菌，抑菌不同的手段而已。

化学防腐剂的使用是安全的。全世界普遍采用的各种防腐剂中，仍以化学合成的苯甲酸钠、山梨酸钾、丙酸盐为主。我国规定的限量标准比国际标准还要严格得多。

在选择杀菌防腐保鲜方面，应根据水果种类选择在水果贮运保鲜时期允许使用的药剂。另外，将天然聚合物甲壳素应用于水果的贮运保鲜也是目前的趋势之一；甲壳素以天然食品级聚合物，经过高科技生化处理，具有抗菌及保湿效能，对于水果采收后的品质保持，有明显效果，将采收后所发生的损耗降至最低，将水果保持于新鲜状态。

（六）生物技术保鲜　生物防治是采用微生物菌株或抗生素类物质，通过喷洒或浸渍水果处理，以降低或防治水果采后腐烂损失的保鲜方法。这是近年来新发展起来的具有广阔前景的水果贮藏保鲜方法，典型的应用有生物防治和遗传基因控制等。

五、水果加工知识

水果加工是指以水果、浆果为原料，用物理、化学或生物等方法处理（抑制酶的活性和腐败菌的活动或杀灭腐败菌）后，加工制成食品而达到保藏目的的加工过程。水果通过加工，可改善水果风味，提高食用价值和经济效益，有效地延长水果供应时间。

我国果品加工业历史悠久，其中果酒、果干、果粉、果脯、蜜饯等的加工已有千年以上的历史。早在公元前5世纪，民间就已利用自然干燥或简单的人工加温法制作果干。北魏贾思勰著的《齐民要术》对晒干枣（即红枣）的方法有详细的记载，并载有柿干的人工烘干法。果脯和蜜饯作为中国特有的传统食品，西周的《诗经》中已有记载。到了宋代，加工方法更加发展和完

善。南宋周密著的《武林旧事》
有"雕花蜜饯"的详细记载。明代李时珍著的《本草纲目》，概括蜜饯的加工
方法为"盐曝糖藏蜜煎为果"。历史上的北京蜜饯果脯，以杏脯、桃脯、苹果
脯、蜜饯等最为有名。1918 年在巴拿马国际博览会上，中国北京"聚顺和"生
产的果脯获金质奖章。

　　近年来，随着果树生产的发展，加工良种（如桃、柑橘、葡萄等）的选
育、引进和推广，野生水果资源（如猕猴桃、野山楂等）的开发和利用，果品
加工设备与加工技术的改造和引进，果品加工业不断得到发展。

　　常用水果加工方法有将水果直接脱水的干制法，用食糖腌渍果实的糖藏
法，将果实加工成罐头的罐藏法，以低温速冻水果的速冻法和将果实发酵的
酿制法。各种方法分别制得相应的干制品、糖藏制品、罐头制品、冷冻制品
和发酵制品。

复习思考题
1. 怎样确定水果的采收期？
2. 水果有哪些贮藏方法？
3. 水果有哪些保鲜技术？

第二章　主要果类栽培知识

第一节　葡萄栽培知识

一、优良品种

（一）欧美品种

1. 巨峰　原产日本，大井上康于1937年用大粒康拜尔早生为母本，森田尼为父本杂交培育，为四倍体品种，中国1959年引进，并在全国各地大面积推广，深受果农和消费者欢迎，至今仍为我国和日本的主栽品种。树势强。果穗较大，平均穗重400~600g，圆锥形或长圆锥形，无副穗或有小副穗，穗柄较短。果粒着生中等紧密，平均粒重7.9~11.2g，椭圆形或近圆形，黑紫色或红紫色，果粉中等厚，皮较厚，肉质中等，汁多，味甜，有草莓香味，可溶性固形物含量16%~20%，含酸量0.44%~0.57%，品质上等。露地栽培8月下旬成熟，大棚栽培7月中旬完熟。

2. 夏黑　原产日本，是由日本山梨县果树试验场由巨峰×二倍体无核白杂交育成的早熟无核品种。1998年引入我国江苏。树势强旺。果穗大，圆锥形或有歧肩，平均穗重420g左右，果穗大小整齐，果粒着生紧密。果粒近圆形，自然粒重3~3.5g，经赤霉素处理后可达7~10g。果皮紫黑色，果实容易着色且上色一致，果粉厚，果皮厚而脆。果肉硬脆，果汁紫红色，可溶性固形物含量18%~20%，最高可达24.9%（浙江省农业吉尼斯最甜葡萄记录），有较浓的草莓香味，无核，品质优良。抗病性强，丰产，果实成熟后不裂果，不落粒。

（二）欧亚品种

1. 维多利亚 原产罗马尼亚。树势强。果穗大，圆锥形或圆柱形，平均穗重630g，果粒着生中等紧密；果粒大，平均果粒重10.5g，长椭圆形，粒形美观诱人；果皮绿黄色，果皮中等厚，果肉硬而脆，味甜爽口，可溶性固形物含量可达14.0%，含酸量0.37%，品质中上。大棚栽培6月中下旬成熟。该品种成熟早、果粒大、丰产、外观品质佳，具有较强的市场竞争力。

2. 红地球 又名美国红提、晚红、大红球、全球红、红提。欧亚种。果穗长圆锥形，平均重800g，有紧穗与松穗2种类型。果粒圆或卵圆形，粒重12~14g，最大达20g。果皮为红色或深红色，色泽艳丽。每果粒含种子2~3粒，种子与果肉易分离；果肉硬脆，味甜爽口，含可溶性固形物14%~16%，品质极佳。

二、育苗与栽植

（一）扦插繁殖

1. 插条的选择 充分成熟的一年生枝。枝条粗壮呈圆形，直径小于0.6~1.0cm。髓部要小，其直径不超过插条直径的1/3。芽眼饱满，无病虫害。

2. 插条的贮藏 为保持插条的活力，必须对插条进行沙藏。首先将枝条剪成4~6芽，每百根扎成1捆，用3~5波美度石硫合剂浸2~3min进行消毒；其次是选择高燥而又排水良好的地段，挖成长方形的坑，坑底铺沙15cm厚，然后将成捆的插条，顺序横放于沙上。每放1层插条，就铺5~6cm厚的沙，插条与插条的空隙用沙填充，以免插条发霉变质。一般放2~3层插条为好，最上面的1层覆盖5~10cm厚的沙，并覆盖薄膜，以防雨水渗入而烂芽。

3. 扦插准备 扦插准备可按以下3步进行。

（1）春季扦插时，将插条从贮藏坑中取出，选皮色鲜亮、眼芽完好的枝，剪成2~3芽1根，上端距芽眼1.5cm处平剪，下端在距芽眼0.5cm处斜剪呈马耳形，以利于扦插和防止倒插。

（2）插条处理：在葡萄扦插前，将剪好的插条以50根为1捆，放置于清水中浸12h，使插条充分吸水。

（3）生长调节剂使用：具有催根作用的生长调节剂，有α-萘乙酸、吲哚乙酸、吲哚丁酸等。如使用α-萘乙酸和吲哚乙酸的使用方法，可低浓度浸泡12~24h。

4. 扦插方法 将畦面整平、耙细后，用锄头扒扦插沟，深10cm，行距30cm，株距15cm左右。顺次在扦插沟内插入插条，然后培土踏实。扦插时插条芽眼向上，防止倒插。顶芽要微露出地面，芽向阳面。插后要浇1次透水。

5. 扦插后的管理 一般在露地3月上旬扦插，在5月上旬开始生根。5

月上旬已成活的插条即有幼根出现，应勤浇薄施速效肥，做到肥水充分，促使幼苗旺长。

（二）嫁接繁殖

1. 绿枝嫁接　以5~6月进行为宜。用半木质化接穗，在早上进行采集。采后立即除去所有叶片（保留叶柄），并用湿毛巾包裹，以防失水。嫁接时可采用单芽劈接法进行。注意砧木务必保留4~6片叶，接后用塑料薄膜露接芽或封闭接芽包扎，均有利成活。一般10d后，就可发芽。

2. 绿枝砧接硬枝　绿枝砧接硬枝的方法与绿枝劈接法基本上相同，只是把硬枝接穗劈接在带叶的绿枝上。其优点是：成活率高，一般为60%~80%，克服了硬枝嫁接成活率低的缺点；嫁接时间可比绿枝嫁接提早20d左右，因而发芽早、生长快，当年的生长量也就大；在5~6月就可利用接芽长出的新梢再进行绿枝嫁接，提高了繁殖系数；有10%~20%的接芽可抽生结果枝在当年结果。

（三）栽植

1. 栽植时期　葡萄成苗在12月上旬栽植最佳。其优点是：翌春葡萄发芽时已有大量新根，吸收水分和养分快，有利于萌芽和生长。2月后气温回升，此时也可栽植葡萄，叫春植。

2. 栽植方法　栽植时，将苗木的根颈稍低于地表，把根系理直，并舒展于沟内，进行培土培至苗木的1/2时，轻轻提苗，使剪口高出地表5~10cm，然后填土，踏实，浇透水。待水下渗后覆土，使栽植沟呈鱼背形。萌芽抽梢后，要及时中耕除草、追肥、绑蔓上架、防治病虫等。

3. 栽植密度　根据南方高温多湿的气候特点，以行距3~4m，株距1.5~2m，每亩植111株为宜。一般多雨、土壤肥沃、肥水条件优越、品种生长势旺，宜稀；反之宜密。但为早期丰产，行株距可采用3m×1m，每亩为222株。进入盛果期后，再逐年间伐至适当的密度。

三、架式和整形

（一）棚架

1. 架式　按架面大小，可分为大棚架和小棚架。按架面与地面所呈角度，分为水平棚架和倾斜棚架。按架式，可分为单棚架、屋脊式棚架、连叠式棚架等。倾斜式棚架适用于山地葡萄园，一般架面在10m²左右。它适用于生长势旺盛的品种。水平式大棚架。适用于大面积平地及庭院、渠道、大路两侧。屋脊式大棚架是由两排倾斜式棚架对搭而成，这种架式能经济利用土地，节省架材。

小棚架与大棚架的架式基本一样，仅架面缩小到 6m² 以下，有利于枝蔓及早布满架面，提早进入丰产期。

2. 整形 整形一般有以下 2 种。

（1）龙干形。在定植当年，植株长至 1.6~2m 时摘心，冬季修剪时适当长放。第二年先端留 1 新梢，向前长放成主蔓，主蔓上不留侧蔓。当主蔓达 3~5m 时，每隔 50~60cm 配置一个固定的结果枝组，年年进行双枝更新修剪。独龙干整形时，只留 1 个主蔓延伸，如留 2 个主蔓，则为双龙架，其整形方法与独龙干基本相同，仅多留 1 个主蔓而已，2 个主蔓间距为 1m 左右。主蔓上直接培养结果母枝，采用双枝更新修剪，使结果部位稳定。

（2）水平放射形。定植当年植株长至 1.8~2.0m 到达棚面时，进行摘心，以后萌发的副梢留 4 根健壮的，当副梢长到 1~2m 以上时再摘心，使其充实增粗。以后不断控制 2 次副梢伸长，留 2~4 叶反复摘心。至秋季 4 根副梢已基本成熟，并具备结果母枝条件。

（二）双十字 V 形架

1. 架式 葡萄双十字 V 形架的叶幕呈 V 字形，叶幕层受光面积大，光合效率高，萌芽整齐，新梢生长均衡及通风透光好。

双十字 V 形架的建立比棚架简单，在篱架的水泥柱上 100~105cm 和 135~140cm 处各设横梁 1 根，下横梁长 60cm，上横梁长 80~100cm。并在水泥柱 70~80cm 处拉 2 道铁丝。两根横梁的两端各拉 1 道铁丝，共拉 6 道铁丝即成。如在水泥柱间增加第 2~3 道铁丝，既缓和了生长势，又增加了结果面，这是篱架与 V 形架的复合形式，采用扇形整枝，效果良好，克服了水平整枝易折断枝的缺陷。

2. 整形 双十字 V 形架的整形多采用双臂单层的水平整形。首先培养主干，高 70~80cm，摘心以后，将基部副梢除去，留顶端 3~4 个副梢，作为臂枝，分别向两侧引缚，长到 80~100cm 摘心，以后控制第二次副梢发生。至冬季这 3~4 个副梢已形成良好的结果母枝，至此树形基本完成。冬季修剪时，可行单枝或双枝更新，分别呈水平绑缚成臂状，相对保持结果部位稳定。翌年萌发的新梢分两边呈"V"字形绑蔓。从而自然形成 3 个生态层：上层为光合带，中层为结果带，下层为通风带。

四、高产高效栽培技术

（一）修剪

1. 冬季修剪技术 冬剪应在落叶后 30d 到伤流期前 15d 之间进行最宜，即一般在 12 月至翌年 1 月相对最冷期进行。

（1）确定合理的修剪量。冬剪留的总芽数，成树约为每年布满棚架所需新梢的两倍，如株距1m，行距4m的棚架，留枝数为20~25个，则留芽数约为40~50个。

（2）超短梢、短梢、中梢、长梢、超长梢和混合修剪。在生产实践中，剪截长度通常按留芽的多少分成5种长度。1~2芽为超短梢修剪，3~4芽为短梢修剪，5~7芽的为中梢修剪，8~11芽的为长梢修剪，12芽以上的为超长梢修剪。在修剪时采用3种以上的长度进行修剪叫混合修剪。

（3）更新修剪。结果母枝的更新：通常可分为双枝更新和单枝更新两种。双枝更新，冬季修剪时每个结果部位留两个当年生枝蔓，前枝蔓行中长梢修剪结果，后枝蔓行短梢修剪预备。第二年修剪时，将前部枝蔓疏去，后部枝蔓仍按上年冬剪方法修剪，即留1长1短。这样年复一年，便可延缓结果部位的上升。单枝更新，冬季修剪时只留1个当年生枝蔓，一般用中长梢修剪。次春萌发后，尽量选留基部生长良好的1个新梢，以便冬剪时，作为次年的结果母枝。用长梢单枝更新，可结合水平引缚，使各节芽萌发新梢均匀，有利于次年的回缩。多年生枝蔓更新：随树龄增加，枝蔓逐年加粗，剪口和机械损伤不断增加，树势变弱，结果能力逐年减低。因此，必须对主侧蔓进行更新。可分局部更新和全部更新两种。局部更新，有计划、有目的的逐年选择适当部位的生长强壮枝蔓，来代替要除去的老蔓或病残枝蔓。全部更新，由于历年更新修剪不合理，或树龄过大，或遭受自然灾害等造成大量或全部老蔓死亡，应将其全部除去。选用基部的萌蘖枝加以培养，以便代替除去的主、侧蔓。

2.夏季修剪护理技术 夏季修剪护理技术一般采用以下5条。

（1）抹芽和除梢。抹芽应在早春芽眼萌发后进行。抹去主干上的所有芽眼，以及发育不良的基节芽、瘦弱的尖头芽；对双生芽或3生芽留1饱满的主芽，除去副芽；对部位不当的不定芽也应除去。

除梢应在新梢呈现花序时进行，按整形修剪和植株负载量多少的要求确定去留。一般采用以产定梢法，可用下列公式计算：

每亩留枝数＝计划产量/果枝率 × 果穗重 × 结果系数（枝穗数）

如计划亩产量为1800kg，该品种平均每果枝1.0个果穗，每果穗重0.6kg，果枝率为75%，则：

每亩留枝数 = 1800/（0.75×0.6×1.0）= 4000个

每亩按111株计，则每株应留枝量约为36个。

（2）摘心。花前摘心的品种，可根据该品种的特性，凡坐果率低的，或果穗松散的，花前要摘心，如巨蜂等。花前不必摘心的品种，主要是自然授粉好，坐果率高或果穗紧密的，如无核白鸡心、红地球等。摘心的时间一般在开花前的3d内进行，落花重的可在花前1~2d摘心。

（3）处理副梢。处理副梢的方法是仅留顶端1个副梢，将花穗以下的副梢除去，保留花穗上部的副梢，当其长至2叶1心时，留1叶摘心，而顶端副梢则留4~6叶反复摘心。

（4）花序的整修。凡花序过多，新梢负载量过大的品种，应除去部分花序或掐副穗和间疏小穗，以便暂时调整养分的供给状态。并可在花前3~5d，掐去穗尖占整穗的1/5~1/4。通过疏花序、打穗尖，可明显提高坐果率和果实品质。

（5）除卷须和摘老叶。当卷须缠绕到果穗和枝蔓上，则影响果穗和枝蔓的生长，给采收和修剪等工作带来不便，故一般应及时摘除。摘老叶应在果实着色后进行，摘叶不能过多和过早，否则，会影响光合作用和养分的积累，造成减产、低质等不良结果。

3.疏果穗和疏果粒　第一次疏果穗，宜在谢花后1周内果实似绿豆大小时进行。疏去坐果不良的极稀疏的果穗和病果穗。第二次定果穗，宜在谢花2周后果实似黄豆大小时进行，疏除多余的相对较差的果穗，以最终保持合理的叶片与果穗的比例。疏果粒的时间，通常在坐果后大小分明时开始，摘除不具商品价值的圆形无核小粒果、青粒果、畸形果、向上和向下的劣果、特大粒果和病虫果，留下果梗粗的椭圆形果。

4.绑缚新梢　一般在新梢长到30~40cm时，开始绑缚。以后随新梢的伸长，不断绑缚，要绑4~5次。根据枝质的强弱，一般强枝要倾斜，弱枝稍直立。对幼树主蔓的延长枝要尽量保持生长优势，以利扩大树冠，提早达到满架。绑缚时要防止新梢与铁丝接触，以免磨伤，新梢处要求松缚，以利于新梢的加粗，铁丝处要紧扣，以免移动。

（二）施肥

1.幼年树的施肥　葡萄定植后，当新梢长至20~30cm时，可进行第一次追肥，以0.5%尿素液或淡浓度的粪水浇灌，每50kg稀释液可浇10株，再隔20d左右追施第二次，浓度和数量可稍增加。第三次起改施复合肥，每树50g，离葡萄植枝20~30cm扒浅沟施入，并覆土浇水。以后每隔1月追肥1次，直至9~10月。

2.成年树的施肥　基肥要早施，效果好。在采收后10~11月施基肥最好。基肥施入土中分解慢，约需50d以上才能为根系利用。而秋季正值葡萄根系第二次生长高峰，伤根易愈合，并可发生新根。如掺施部分速效性化肥，可使根系迅速吸收利用，增加贮藏养分和增强越冬能力。基肥施肥数量为全年的60%左右，应开深沟深埋，可结合深翻土壤进行。

（1）第一期追肥。在早春芽眼膨大期施用。应以氮肥为主，宜施用人粪尿，混掺硫酸铵或尿素，施用量为全年的5%~10%。

（2）第二期追肥。应在谢花后果实膨大初期进行。以氮肥为主，结合施磷钾肥,施肥量是全年肥料的15%~20%。时间在5月中下旬和6月上中旬,夏旱时则必须结合灌水,效果更好。

(3)第三期追肥。在果实着色初期进行。以磷钾为主,添加少量速效氮肥,施肥量为全年的10%左右。早熟品种在6月中下旬;中熟品种在6月下旬至7月中旬;晚熟品种在8月上旬至8月下旬。

(4)采后补肥。在果实采收后立即施用。此次补肥以氮为主,配合磷、钾等速效完全肥料,并辅以喷施叶面营养肥。

3. **施肥方法**　在葡萄园中土壤施肥的方法,主要有环状施肥法、沟状施肥法、全园撒施法、穴施法、盘状施肥法、放射状沟施法、灌溉式施肥法等7种。因各有其特点,故宜因地、因树(苗)、因品种制宜,灵活掌握。

4. **根外追肥**　在开花前喷施尿素加硼酸,可促进开花,提高坐果率。幼果期和果实成熟期,喷施过磷酸钙或草木灰浸出液,可显著提高浆果含糖量和植株的抗病能力。对葡萄缺铁症,喷施硫酸亚铁加柠檬酸,重复2~3次就可矫治。当植株移栽、根系尚未完全恢复时喷施数次0.2%尿素溶液,可提高成活力,缩短缓苗期。

(三)灌排水

1. **灌水**　灌水要注意灌水时期、灌水量、灌水方法。

(1)灌水时期。正常年份4月常多雨,正值葡萄萌芽时期;5月晴雨相间,上、中旬正值开花期,下旬则为幼果膨大期;6月中旬至7月中旬梅雨期;7月中旬至8月为高温干旱期,中熟品种正值成熟期,而晚熟品种还未到成熟期。故在5月下旬及7~8月,如遇天旱,则应适当灌水,并采取行间覆草。

(2)灌水量。适宜的灌水量,应在1次灌溉中使葡萄根系分布范围内的土壤湿度达到最有利于葡萄植株的生长发育。通常深厚的土壤,需浸湿土层1m以上,土层浅薄经过改良的平地土壤一般浸湿0.6~0.8m。

(3)灌水方法。葡萄园通常采用沟灌和喷灌。沟灌是在葡萄行间开灌溉沟,深约25~30cm,并与配水道相垂直。一般葡萄园均开有排水沟,干旱时也可作灌溉沟进行灌溉。喷灌一般由水源、动力、水泵、输水管道及喷头等组成。

2. **排水**　果园土壤一旦达到饱和持水量时,就要进行排水,使田间持水量保持在60%~80%。排水有明沟排水和暗沟排水两种方法。

五、采　收

(一)**确定采收期**　葡萄成熟期的标志是外表出现该品种固有的色泽;具有较浓的果粉;结果新梢由绿变褐色;果穗主梗逐渐木质化而变成黄褐色。内质表现为浆果变软而富有弹性。品尝时出现固有风味,口感好,种子暗棕色。鲜食品种，一般只要糖酸适度，果实香味好，有八成至九成成熟度，就可以采收。贮藏用的鲜食品种，应达到九成成熟为好。酿酒品种应该根据酒厂要求，确定采收时期。

（二）**采收技术** 宜选在晴天清晨露水干后的上午进行，在高温天采收的葡萄，必须迅速运到荫凉处摊开散热，才可包装。在采收时要轻放、浅装，以免皮破而腐烂，造成不应有的损失。对鲜食品种，应分期分批采摘，以保证果实风味。为保证质量，要一手持果穗梗或手撑托住果穗，另一手握剪刀，在果梗基部剪下。采收下来的果穗，如有病虫果、破损果、小青粒、畸形果，随时剪除后装箱。

复习思考题
1. 葡萄有哪些优良品种？
2. 葡萄怎样进行育苗与栽植？
3. 葡萄有哪些高产高效栽培技术？

第二节 桃栽培知识

一、优良品种

（一）鲜食白桃

1. **湖景蜜露** 系江苏无锡市选育的优良地方品种。果实圆球形，果顶略凹陷，两半部匀称，皮薄汁多，果皮乳黄，近缝合线处有淡红霞，皮易剥离，该桃色泽艳丽，肉质细密，柔软易溶，甜度犹如蜂蜜，平均果重150g。果肉与近核处皆白色，肉质细密，柔软易溶，纤维少，甜浓无酸，有香气，含可溶性固形物13%~14%，品质极上。杭州地区在7月中旬成熟。

2. **玉露** 主产浙江奉化一带。果实圆形或卵圆形，果顶微凹，两半较对称，平均果重100~120g，大果重250g，果皮底色浅绿白色，向阳面有少量红晕。果肉乳白，肉质柔软，味甜汁多有香气，含可溶性固形物12%~15%，黏核。在奉化7月下旬至8月初成熟。由于栽培历史较长，通过新品种不断筛选，已选出武岭玉露、西圃一号等优良品系。树势中庸，树姿开张，长中果枝结果为主，丰产性较好，但由于开花早，需防止霜冻危害。

（二）鲜食黄桃

1. **锦香** 锦香是上海市农业科学院林木果树研究所育成的鲜食与加工兼用型优质早熟黄桃新品种。该品种果实圆形，整齐，果顶圆平，两半匀称，缝合线不明显；单果平均重193g，大果重270g。果皮底色金黄，套袋时果实阳面覆盖红色彩晕（不套袋时阳面色彩深红），茸毛少，充分成熟时可剥皮。果肉金黄色，近核无红色，较韧，属硬溶质。可溶性固形物含量9.2%~11%，风味甜，微酸，汁液中等，香气浓。

2.锦绣 锦绣是上海市农业科学院园艺研究所于1985年杂交育成的大果型、鲜食加工兼用型晚熟黄桃品种。果实圆形或椭圆形，果个大，平均单果重195.6g，最大单果重377.5g。果皮底色金黄色，套袋果实很少着色，不套袋果实阳面具深红色晕，绒毛少。果顶圆平或凸出，缝合线浅而明显，果形较整齐匀称。果肉金黄色，近核处微带红色，肉质厚，硬溶质，较韧，汁液中等，香气浓，风味甜，可溶性固形物含量17.3%，品质极上。

（三）油桃

1.早红宝石 系中国农业科学院郑州果树研究所用早红2号×瑞光2号杂交育成。果实近圆形，平均果重103g，大果重165g，果皮底色黄色，果面鲜红色，皮较厚。果肉黄色，肉质细嫩，风味甜浓，含可溶性固形物11%~13%。

2.晶光 日本品种。果实圆形，平均果重150g，大果重180g以上，果皮绿白色，果面着鲜红。果肉白色，有香气，味香甜，含可溶性固形物13%~14%。

（四）蟠桃

1.早露 系北京农林科学院林果研究所用撒花红与早香玉杂交育成。平均果重103g，大果重140g，果实扁平。果皮黄白具玫瑰红晕，果肉黄白色，软溶质，粘核，味甜，含可溶性固形物9%~10%。

2.玉露蟠桃 果实扁圆形、平均果重128g，大果重162g，果顶微凹陷，果皮绿白色，顶部有红晕，果肉乳白色，肉质细软，多汁，味甜香，含可溶性固形物15%~17%。

二、嫁接和栽植

（一）嫁接 桃树嫁接最常用的是芽接和枝接两种方法。

1.芽接 芽接时间在夏、秋季，凡皮层能够剥离时均可进行，其中秋季最适时间为9月。若要达到当年成苗出圃，可在5月下旬至6月上旬进行，同时需配合较高的肥水管理水平。芽接方式有"丁"字形芽接、贴皮芽接、方块芽接等。

2.枝接 枝接一般在砧苗落叶前到第二年萌芽前进行较为适宜，即10月至翌年3月都可进行，如杭州地区2月下旬至3月上旬枝接成活率较高。枝接运用最广泛的是切接法。

（二）栽植

1.栽植时期 桃树落叶后至春节前均为栽植时期，这时地上部活动缓慢，根部虽有损伤，但不影响地上部，同时经冬季休眠，翌年没有缓苗期，有利于桃苗生长。

2.栽植密度 一般每亩种植33~55株。树势强的，平地为33株，树势中庸的，山地为55株为宜。近年来，矮、密、早栽培每亩密度达66~100株。

3.栽植技术 栽植技术要注意以下3点。

（1）做好定植穴。土层肥沃的平地或山地，定植穴要求宽100cm、深70~80cm，地下水位较高的水稻地定植穴要求宽80cm、深40~50cm。先覆半穴土，每穴再施50~75kg厩肥、1kg磷肥，施肥时做到分层施入，先施厩肥，加一层土与地面齐平，再施磷肥，再加土做成100cm米宽、30cm高的馒头形。

（2）检查桃苗质量。栽种前发现有根癌病桃苗全部淘汰烧毁，栽种时要将嫁接口薄膜除去。桃苗主根需剪去1~2cm，以促新根。种植宜浅不宜深，原则上嫁接口需露土面5~6cm，使苗木成活后根颈部不致埋入土中，以免造成接口处腐烂。种时根系与覆土要充分踏实，并浇清水，使土壤与根密接，以利苗木成活。种植完毕，立即定干，高度为35~45cm。

（3）加强肥水管理。栽种后待萌发抽叶，新梢长到10~20cm时开始追肥，以氮肥为主，薄肥勤施，全年2~3次，后期可用复合肥，每株0.5kg左右，同时需加强病虫防治，保证苗木快速生长。8月份可进行拉枝，加大主枝基角。

三、高产高效栽培技术

（一）整形修剪

1.整形 整形有以下2种。

（1）三主枝自然开心形。干高35~45cm，剪口下15~20cm内为整形带，要有5~8个饱满芽，萌发后选留生长均衡、方位好、角度适当、错落着生三大主枝，主枝开张角度视品种而异。直立型品种，主枝开张角度应大些，以50°~60°为宜，开张型或半开张型的品种，以45°~50°为宜，主枝角度应在定植后秋冬季拉枝调整，副主枝的配备是在定植后的第二年或第三年配备，在主枝上约隔60cm配备副主枝1~2个，全树可配备3~6个，副主枝基角为75°。

（2）两主枝自然开心形。定干高度35~50cm，在主干上选留生长健壮、角度好、方向正、错落着生、长势相近、方向相反的两个新梢作主枝，主枝夹角45°，每个主枝上选留2~3个侧枝，侧枝配置的位置要求不严，一般第一侧枝距地面约80cm，第二侧枝在第一侧枝对面，距第一侧枝35~50cm，第三侧枝与第一侧枝方向相同，距第二侧枝60cm左右，侧枝与树冠中心线保持60°~75°。

2. 修剪　修剪可分为以下几种。

（1）不同季节的的修剪。①冬季修剪：修剪方法可分为短截和疏删两种。②夏季修剪：能调节生长与结果的矛盾，控制树形，缓和树势，改善内部通风透光，促进花芽形成，提高坐果率。其方法有抹芽、摘心、扭梢、剪梢、拉枝和拿枝等。

（2）不同树龄的修剪。①幼龄树（1~4年生）：以轻剪长放为主，充分运用夏季修剪技术，加速树冠扩大，调整骨干枝，增加前期的结果量，适当多留辅养枝和结果枝，对不影响骨干枝生长的大枝，疏去强枝后，轻剪长放，暂时用来结果，避免一年内疏过多大枝，尽量利用大枝补缺，对结果枝一般不行短截，以缓和树势，提高着果率。②成年树（5~15年生）：其修剪量随着结果量的增加而逐步加重，6~7年生丰产树，骨干枝及时回缩更新，防止下部枝条枯死。注意结果枝组的培养更新，在结果的同时，要留有一定的更新枝，同时要控制树冠上部和外围枝，防止内膛空虚，改善通风透光条件。对下部和内膛枝组要放缩结合，去弱留强，抬高角度，注意复壮。③衰老树的修剪：桃树15年以后进入衰老期，其特点是骨干枝、延长枝生长量不足20~30cm，花束状结果枝、短果枝大量形成，中长果枝大量死亡，下部光秃。应注意回缩骨干枝的回缩程度视衰老程度而定，一般在骨干枝3~6年生部位缩剪，有分枝部位且内膛有徒长枝的可回缩到分枝处或有徒长枝的部位。更新后常能抽生多条徒长枝，对着生于树冠外围的徒长枝，应逐步培养成骨干枝，重新扩大树冠，也可利用内部徒长枝补缺，培养成大枝组，增加结果量。

（二）施肥

1. 基肥　施基肥要注意时间、种类与数量以及施肥方法。

（1）施用时期。分为秋施和春施。秋施基肥以采果后的9~10月为宜，此时桃树根系进入第二次生长高峰，施肥可促进伤口愈合，促发新根，并可吸收养分，对提高花芽质量和翌年萌芽、开花、坐果、生长发育都有明显的效果。而春施基肥其肥效发挥慢，根系吸收利用慢，伤根愈合慢，影响桃树生长。

（2）种类与数量。基肥主要是有机肥料，再混合适量氮、磷、钾复合肥，可进一步提高肥效。施肥量根据树龄、树势、产量、土质以及肥料质量灵活掌握，基肥用量多，一年中可维持肥效5~10个月，基肥施用量应占全年施肥量的70%~80%。一般生产上可按株产100kg左右的桃树，施基肥100~150kg。

（3）施肥方法。施肥可分条施、环状沟施、撒施等。幼树和初结果树以开沟施为好，成年树以撒施或环状施为好。开沟施一般要求沟深30~40cm，沟宽40~45cm。

2. **追肥** 追肥应注意追肥时期。

（1）萌芽前。一般在升温前进行以氮肥为主，配施磷肥。

（2）开花后。在谢花后坐果期进行。此时桃树因发芽开花而消耗了大量营养，再加上幼果和新梢的迅速生长，宜及时补充速效氮肥，配合磷、钾肥，以促幼果膨大、新梢生长。若土壤肥力高，或树势强、坐果率低的品种，不施花后肥，以防止枝梢徒长造成落果。

（3）果实膨大期。即在桃果采前20~30d进行，此时以磷钾肥为主。

（4）果实采收后。肥料以氮、磷、钾复合肥为好。幼龄果园一般不施，多在9~10月施基肥。

（三）灌、排水 桃树灌水应根据不同生育时期的需水状况、降水量多少、土壤性质来决定。早春、梅雨期间均不宜灌水，主要灌水时间是果实膨大期和采收前，一般在梅雨之后，7~8月干旱季节要注意灌水。

桃树最怕涝，轻者黄化，重者死亡，尤其是建园时必须考虑建立排涝系统，每行地都需开沟，隔几行地还需开1条深沟，使降雨多时能及时排出。地下水位高的地方建园，必须做到深沟高畦，防止淹水。

（四）花、果管理

1. **疏果** 疏果分两次进行，第一次落花后20d，大致在4月下旬疏去基部和顶部的果实，中部适当间疏，第二次定果在生理落果之后，即5月上旬至5月中旬。早熟品种、坐果率高的品种、大果型品种要早疏，反之则迟疏。主要疏除小果、畸形果、双果、朝天果、病虫果。一般长果枝大型果留1~2个，小型果留3~4个、中果枝大型果留1个，小型果留2个、短果枝弱枝不留果，壮枝留1果，花束状果枝一般不留果，壮枝留1果。原则上30片叶留1个果。

2. **套袋** 套袋多在5月中旬至6月上旬完成，一般早熟品种可以不套袋，中晚熟品种（如湖景蜜露、玉露、锦绣黄桃等）需套袋，以防止虫害，并能提高果实外观品质。

3. **保花保果** 对有些树势旺长，结果少或裂果易发生的桃树，可采取喷施多效唑或人工授粉的措施，缓和树势，促进结果，减少裂果。

四、采收

（一）采收时期 适时采收十分重要。采收过早，对果实品质及产量均有很大的影响，采收过迟，容易落果，糖分反而降低，风味差，不耐贮运。决定采收成熟度，需考虑品种成熟期的早晚、各地的气候条件，同时还要参考历年的成熟期。采收果实必须分期分批，同一个品种可分3~4批采收，每批之间相隔2~3d。

（二）采收方法　采收时需注意以下3点。

1.**要轻拿轻放**　加工用的不溶质桃，果肉较韧，果皮薄，含一定的水分，同时果肉中果胶和单宁容易变色或腐烂，采时应尽量避免果皮受伤，应自袋外轻握果实，连袋采下，切勿用手指强捏桃子而留下手指印，造成变色或腐烂，影响果肉利用率。采后将果轻放于果箱内。鲜食桃肉质细软，采收时更需做到轻采轻放。

2.**采收适度成熟的果实**　一株树上的桃子成熟有先后，采收时应挑选符合标准的果实，一般向阳面先熟，短果枝上的果成熟快，生长势弱的树提早成熟。

3.**不可损伤枝条**　采时要一手扶住结果枝，一手采收，以防结果枝折断或受伤。采下的果实，不能暴晒，应先清除纸袋，然后进行分级、包装。

复习思考题

1.桃有哪些优良品种？

2.桃怎样进行嫁接与栽植？

3.桃有哪些高产高效栽培技术？

第三节　梨栽培知识

一、优良品种

（一）早熟品种

1.**翠玉**　翠玉是浙江省农业科学院园艺研究所以西子绿×翠冠杂交选育出的新一代特早熟梨新品种，果实圆整，外观翠绿，果面光洁，无果锈。果肉白色，肉质细嫩，味甜，汁多，平均单果重230g左右。比翠冠早熟10d左右，翠玉具有外观极美、成熟期早，口感度好，商品性佳，经济效益高等优点，已成为新一代优质梨新品系的代表。

2.**初夏绿**　初夏绿是浙江省农业科学院园艺研究所以西子绿×翠冠杂交选育出的新一代特早熟梨新品种，与翠玉为姊妹品种。初夏绿果实长圆形，平均果重250g。果皮浅绿色，果面光滑，果锈少，果点中大。果肉白色，肉质细嫩，汁液多，果心小，可溶性固形物11%左右，品质上。初夏绿梨的成熟期比翠冠早5~7d，抗病力强。

3.**翠冠**　系浙江省农业科学院园艺研究所与杭州市果树研究所合作以幸

水×（新世纪×杭青）杂交选育而成。该品种果实近圆形，平均果重为230g左右，大果重800g以上，果皮光滑，底色暗绿，易发生锈斑，套袋后可改善外观。果肩部果点稀，而果顶部较密且小，萼片脱落。果肉白色，肉质细嫩且脆，汁多味甜，可溶性固形物含量在11%~12%，是砂梨系统中品质极优的品种。

（二）中晚熟品种

1.玉冠　系浙江省农业科学院园艺研究所以筑水×黄花杂交选育而成。该品种果实近圆形，单果重247~307g；果皮黄褐色，果肉白色，肉质较脆嫩，汁中，风味甜；品质上等；可溶性固形物10.5%，维生素C 2.86mg/100g，总酸0.15%。主要病虫害发生为害程度低，坐果率较高，丰产性好。

2.圆黄　系韩国园艺研究所以早生赤×晚三吉杂交选育而成。该品种果实圆形，平均果重350g，经疏果后平均果重可达550g，是同期成熟品种中果型最大者。果面光滑平整，果点小而稀，果皮褐色，无水锈，无褐斑。果肉白色，肉质细嫩化渣，极酥脆，几乎无石细胞，纯甜，香气极浓，可溶性固形物含理15.1%。

二、嫁接与定植

（一）砧木培育

1.嫁接　砧木苗粗度（离地面5cm处）达到0.6cm以上时即可嫁接。嫁接前应清除苗圃杂草，喷药除虫，遇干旱天气及时灌溉。选择接穗必须从生长健壮、无病虫害、无检疫对象的已结果的良种母本树中采取；且应选择生长充实、芽眼饱满、发育良好的当年发育枝或长果枝，不宜用徒长枝和苗木枝梢。嫁接分芽接和枝接2种。

（1）芽接。嫁接时间以9月底至10月中旬为宜。采用"丁"字形芽接法。

（2）枝接。自10月下旬至翌年2月中旬均可进行。枝接一般采用切接法，可落地接或起桩接。

落地接即砧木在原圃地，离地面3~4cm处予以剪砧；起桩接即将砧木掘起在室内予以枝接的方法。

2.嫁接苗的管理　苗木嫁接后要及时检查成活率，未接活的应及时补接；芽接苗在12月至翌年3月上旬剪砧、解缚，落地接苗在秋季解缚，起桩接苗可在出圃时解缚；春季及时除萌；注意防治病虫害，并加强肥水管理及中耕除草。

（二）栽植

1.栽植时期　11月下旬至翌年1月末，苗木落叶后即可种植，早栽有利发根。2月后新根已发生，栽植时，易损伤新根，影响生长势。

2. 栽植密度　为提早投产，可实施计划密植栽培，即在光线充足的山地或瘠薄土层中以2m×4m种植，在土壤平坦肥沃处按3m×4m栽植，坡度较大地段可按（1.5~2）m×（3~4）m随地形栽植。盛产期后随园地郁蔽程度，逐渐回缩或间伐。

3. 栽植方法　山地种植覆土高出地面20~25cm，以免凹陷。地下水位较高园地应做墩种植，墩高35~40cm为宜，种植时应将根系适当短剪，撤除嫁接膜并覆土，嫁接口需露出土面。

4. 授粉树配置　梨树为异花授粉树种，栽植时必须配置与主栽品种花期一致或较接近的授粉品种，如翠冠为主栽品种，可选择清香、黄花、脆绿、雪青等作授粉品种。主栽品种与授粉品种的比例为2:1或3:1，如两者均为主栽品种时，也可等比例栽植。授粉树宜成行配栽，有利于管理、采收。

三、高产高效栽培技术

（一）整形修剪

修剪方法有以下几种。

（1）中心干的修剪。具有中心干的树形，幼龄期修剪应以培养第一层骨干枝为主。定植当年冬季，如第一层分枝数已达3枝以上时，中心干可剪去1/2~2/3，其高度可低于第一层枝，并抹除剪口芽下的2芽，以加强第一层分枝的生长；如第一层分枝数未满足树形要求时，生长中庸偏弱树，中心干可在干高70cm左右处剪截，促其第二年发生分枝；中心干生长过强，第一层分枝数不足时，中心干可剪去1/2~2/3，并对希望发枝的芽进行刻伤处理。第二年后，每年冬季修剪时，中心干延长枝可选用第二至第四枝换枝弯曲延伸，换枝后可对延长枝予以轻剪，其高度高于其他枝。待树高达到树形目标高度时，可采取甩放斜生枝或拉开长枝甩放的方法封顶。中心干周围除按树形要求分生2~3层主枝或副主枝外，其层间部位可着生中果枝和小形侧枝。待第二层骨干枝达到目标树高时，可将中心干回缩至第二层骨干枝分枝部位。待第一层骨干枝达到树高时，可回缩至第一层分枝处，成为开心形。

（2）主枝的修剪。定植当年冬季，如第一层3大主枝已形成，生长势强而均匀，可拉开3主枝呈45°角，并予以轻剪，抹除剪口芽后的背生竞争芽；如3主枝生长势不平衡，强枝予以中度短截，弱枝予以轻剪；如全树生长势偏弱时，予以重剪，待第二年重新整形。生长正常的树体，第一次主枝定形后，对主枝延长枝的短截程度宜逐年加重，即从轻截—中截—重截，主枝高度达2.5m以上时，全树已进入盛果期，主枝延长枝可采取极重截。

（3）副主枝的修剪。疏散分层形的副主枝一般在定植第二、第三年冬季开始选留，在主枝两侧选留离中心干 50~80cm 的生长枝拉开角度成 45° 左右，予以轻截，培养作第一副主枝。第二年冬季在另一侧相距 40cm 左右，培养第二副主枝。副主枝延长枝的修剪可参照主枝延长枝的修剪方法，逐年由轻转重。

（4）侧枝的修剪。侧枝主要着生在主枝、副主枝的两侧，分枝角近于直角，是全树的主要结果单位。其生长势的强弱对果实品质也有极大的关系，生长过强、过弱均不利于着果及果实发育。侧枝修剪应注意以下几点。

①预备枝的选留，预备枝的选择标准，因品种而异，如生长势中庸的菊水、新世纪等，可选择基部粗度在 6~8mm 的枝；生长势较强的品种，如黄花、翠冠等，应选择基部粗度在 10~20mm 的枝。6月下旬拉开枝角度成 60°。冬季修剪分别在 15~20cm 及 20~30cm 处选饱满芽予以短截。留枝长度视枝的粗度而定，枝细则短、枝粗则长。剪口芽留上芽，抹除其余背生芽，也可以仅留剪口附近 2 芽，抹除其余芽。

②一年生侧枝的修剪，第二年从预备枝先端发生的当年生枝，生长强壮充实，在6月下旬拉开角度成 70° 左右。冬季修剪时，仅剪去枝端弱芽部分，腋花芽保留作第二年结果用。

③二年生侧枝的修剪，第三年视枝的生长势及短果枝的发育状况而定。如生长势强、短果枝充实，仍予以轻剪，短截度较上一年较强。

④三年生以上侧枝的修剪，因枝段负果，延长枝剪截度应逐年加重。新世纪、翠冠等品种侧枝在三年生以上时应及时予以更新。侧枝更新可采取老枝更新及换枝更新两种方法。为保持侧枝的年青化，全树每年预备枝、一年生侧枝、二年生侧枝应各占 1/3，使结果稳定和树体紧凑。

（5）花芽的修剪。幼龄期梨树花芽量较少，可利用中、长果枝及腋花芽结果，但过于衰弱的树体应疏除部分花芽。成年梨树花芽容易形成，冬季修剪时应疏除多余的花芽。一般是短果枝留靠近基部的 1~2 个花芽，短果枝能满足结果需要的情况下，疏除或短截中果枝。全树花芽量不足时，可利用中果枝结果。

（二）施肥

1.基肥　施基肥应注意施用量和方法。

（1）施用量。基肥施用量一般占全年施肥量的 70％ 左右。成龄园每亩常需要施栏肥、绿肥等土杂肥 2000~5000kg，加过磷酸钙 15kg 左右或钙镁磷肥 50kg。

（2）施肥方法。结合土壤改良，逐年扩穴深施，即第一、第三、第五年在树冠两侧沿定植穴穴边，挖长 100cm、宽 50cm、深 40cm 的施肥沟，逐年向外扩展。第二、第四、第六年在另两侧挖沟，施入基肥。第七至第八年可全园地面撒施,结合深翻进行。基肥在 7~8 月施入,以早为好。

2. 追肥　追肥应注意时期。

(1)花前肥。1 月中旬每亩施入 20kg,促进新根生长、开花、萌芽整齐有力。

(2)壮果肥。可分 2 次施入,第一次在 5 月下旬,每亩施入 20kg,并加硫酸钾 11kg;第二次在 6 月中下旬,每亩施入 40kg。以满足果实膨大所需的大量养分,促进花芽分化。

(3)采后肥。8 月下旬采收后,每亩施入 20kg。以恢复树势,提高叶片功能,延长叶片寿命,增加树体贮藏营养。

3. 根外追肥　一般能溶于水的肥料,都可作根外追肥,常用最高浓度为:尿素 0.3%~0.5%,过磷酸钙 0.5%,硫酸钾 0.5%,磷酸二氢钾 0.5%、硼砂 0.3%,硫酸亚铁 0.05%~0.1%,硫酸锌(萌芽后)0.1%~0.4%,(萌芽前)1%~5%。混用时或晴热高温时,浓度稍低为好。

(三)花果管理

1. 保花保果　梨树花芽于前 1 年的 6 月中旬就开始分化,花器逐步发育形成。花芽质量的好坏取决于前 1 年 6 月至落叶前的管理。如管理好,养分供给充足,落叶迟,则花芽分化好,花器质量高,容易着果、结好果;反之,病虫害严重、落叶早,花芽质量就差,乃至秋季开花、长新叶,发生 2 次生长的现象,则树体贮藏养分不足,花芽发育差,开花及着果不好。即使着果,幼果也发育差,不易形成优质大果。故保花保果的关键是前 1 年以保叶为中心的精细管理。在此基础上,采取人工授粉、增施肥料等措施,有利于结好果、结大果。

人工辅助授粉可提高着果率和大果率,增进品质。

2. 疏花疏果　疏花疏果与保花保果是相辅相成的技术措施。盛果期梨树或生长较弱树,往往花芽量多、结果多,这对树体生长和生产优质果不利,且易出现"大小年"。故应采取"三疏"即疏花芽、疏花(蕾)、疏果的措施,控制全树的花量和适宜的留果量。

(1)疏花芽。冬季修剪时,疏除多余的花芽。使全树花芽叶芽比保持在 1:1 或 3:2 为宜。每亩产 2000kg,可以保留每亩花芽 1.2 万枝左右。

(2)疏花(蕾)。花蕾露出时,用手指将花蕾自上向下压,花梗即折断。疏蕾标准按每隔 20cm 左右留 1 花序。应疏弱留壮,疏小留大;疏密留稀,疏腋留顶;疏下留上;疏除萌动过迟的花蕾。

(3)疏果。于花谢后 10~15d,按每花序留 1~2 只果疏除多余的果实,大果形每 25cm 左右留 1 果,中果形每 20cm 左右留 1 果。使叶果比保持(25~30):1。并根据树体大小、树势强弱、果形大小、计划产量等因素确定留果量。如计划亩产 2000kg，要求单果重达到 250g 以上，则需留果子 8000 个，加上 10% 的保险率，则应留果 9000 个 / 亩，如按 45 株 / 亩计，则每株树应留果 200 个左右。

3. 果实套袋　果实套袋能有效改善外观色泽，提高商品性，特别是使果点小而浅，色泽均匀，有光泽；也可减轻病虫害、风害及裂果等，保持果面洁净，降低农药残留，提高果品的安全性；同时还可延缓采摘，延长货架寿命，提高耐贮性和市场竞争力。据报道，未套袋果实每千克农药残留量为 0.46mg，而套袋果只有 0.09mg。

套袋一般在花后 20~45d 完成，过早套袋，易折伤果柄，或袋重致使果柄弯曲，引起落果；套袋，果实外观不如早套果光滑且果点小而浅。有条件的为生产精品果可套 2 次袋，即谢花后立即套 1 只蜡纸小袋，待着果稳定后再行套大袋。套袋宜选择在晴天进行。

四、采　收

（一）采收成熟度的确定　用来确定采收成熟度的方法主要有（以砂梨为例）：

1. 固定采收期法　如在杭州地区，黄花梨果实的采收期以 8 月 20 日左右为宜。但这种方法受环境条件的影响较大。

2. 果实底色变化　果实的底色即指果实表面的叶绿素颜色。日本常用一种比色卡来指导日本砂梨的采收，如幸水底色为 2 或 3 的果实常温下预贮可保持 5d 以上，底色为 4 的果实贮藏界限为 3d；底色为 2 的果实在 15℃ 下可保持品质 10~20d，底色为 3 或 4 的果实可保藏 10d 以上，底色为 5 的果实要保持 3~5d，鲜度降低显著。

3. 果肉硬度及可溶性固形物含量　由于年份、栽培技术措施、管理条件、环境条件等而变化，这 2 项指标只能作为一般性辅助措施。

4. 果实种子颜色变化　采收前果实种子颜色随着果实的成熟进程，逐渐变褐，直至果实完熟，种子完全变褐。一般来说，种子的褐变指数在 0.8~0.9 时，恰好是果实的呼吸跃变前期，是一个适宜采收期。

5. 果实成熟度　从盛花期开始计算果实生长日期，以此来作为果实采收成熟度的指标。在同 1 个地区，其天数相对稳定，但不同地区则明显不同。

每种方法都不是绝对的。在实际使用时，可综合运用多指标。且不同目的、不同用途的果实，其采收成熟度的指标也应有所不同。

（二）采收方法　采收日期宜选择晴天的清晨 6~8 时，最晚不超过 10 时，由于果温低，贮后呼吸强度弱；若在 13：30 左右采收，则果温高，不利果实长期贮藏。

鲜销果实大多数以手工采收为主。在采收过程中，要注意轻拿轻放，尽量避免压伤、擦伤、刮伤、指甲伤、摔伤等，减少倒换次数。一般可采用分级采收或分期采收的方法。采收时，应先从树冠的下部和外围开始，而后再采内膛和树冠上部的果实，即按"先下后上""先外后内"的顺序进行。

复习思考题

1. 梨有哪些优良品种？
2. 梨怎样进行嫁接与栽植？
3. 梨有哪些高产高效栽培技术？

第四节　柑橘栽培知识

一、优良品种

(一)宽皮柑橘类

1. **温州蜜柑**　原产浙江黄岩，后传入日本，并选育出许多新的品种(系)。

(1)大分。系日本大分县柑橘试验场(今大分县农林水产研究中心果树研究所)以今田早熟温州蜜柑与八朔杂交的珠心胚实生选育而成的特早熟温州蜜柑品种。树势中强，生长发育与普通温州蜜柑相似。树姿开张，枝梢粗细中等、无刺。果实扁圆形，果面比宫本略粗糙、油胞较稀，果皮囊衣较厚。含可溶性固形物 8%~9%，酸含量 1% 左右，减酸早，味甜、化渣性好、浮皮少，口感好。9 月下旬至 10 月初成熟。

(2)宫川。早熟温州蜜柑。自日本引入。果实大，平均单果重135g 左右，大小不整齐，高扁圆形或扁圆形，果色橙黄至橙色，果肉深橙色，细嫩化渣，无核，含可溶性固形物约 11%，含酸 0.6%~0.7%，甜酸可口，风味浓，品质上等。10 月中旬成熟。

2. **椪柑**　果实扁圆或高扁圆形，果皮橙黄色，中等厚，有光泽，单果重120~160g，果肉质地脆嫩、化渣、汁多、味甜，风味浓，含可溶性固形物11%以上，总酸 0.5%~0.9%，品质上。果实 11 月上旬至 12 月中旬成熟。

3. **本地早蜜橘**　原产浙江黄岩。果实扁圆形，较小，单果重82g，果形端正，顶端微凹。果皮橙黄色，略显粗糙，皮厚 2mm，易剥离。果实可食率95%，果汁率 55% 以上，可溶性固形物 12.5%，质地柔软，囊衣薄，化渣，品质上乘，外形美观。果实种子 2~3 粒。10 月下旬至 11 月上旬成熟。

(二)甜橙类

1. **朋娜**　又名斯开格斯朋娜，是华盛顿脐橙的枝变，原产美国加利福尼亚州。我国 1978 年引入，目前四川、重庆、江西、湖南、湖北、浙江、福建和广西等省（市、区）均有栽培。果实圆球形，较大，单果重 260g，果皮深橙黄至橙红，果肉脆嫩，较化渣，汁多，可溶性固形物 12%~13%，甜酸适口，风味浓。11 月中、下旬成熟，较耐贮藏。

2. **红玉脐橙**　又名卡拉卡拉、红肉脐橙。原产秘鲁，1993 年引入我省临海。果实呈球形，果皮橙色，较光滑，闭脐。果皮坚韧，不易剥离。果蒂部有部分维管束呈红色，果肉深红色，鲜艳，风味浓、甜，有芳香、化渣、无种子，品质上等。平均单果重 229g，耐贮藏，经贮藏后果皮转为橙红色，成熟期 11 月底至 12 月上旬。

（三）柚类

1. **玉环柚**　原名楚门文旦，原产玉环县。果实扁圆形或高扁圆形，单果重 1.4kg，果顶有凹洼，果皮蜜黄色，较光滑，油胞稀疏，常无核，中心柱空，多核时中心柱紧实；果肉柔软多汁，甜酸适口，有清香，品质优良，10 月中下旬成熟，耐贮运。

2. **四季柚**　又名四季抛，原产苍南县。果实中等大小，端正，呈卵圆形，单果重 0.7~1.3kg，果皮较薄，呈橙黄色；肉质脆嫩，汁多，甜酸适口，品质佳，种子较少，11 月上旬成熟，耐贮藏。

（四）杂柑类

1. **胡柚**　为柚与甜橙的自然杂交种。原产浙江常山。果实梨形或圆球形，单果重约 350g，果顶有明显或不明显的似铜钱印圈，皮色金黄或橙黄色，有粗皮和细皮之分；可食率 68%，含可溶性固形物 11%，甜酸适度，略带苦味，风味浓爽可口，品质较优。11 月上、中旬成熟。宜鲜食，也可制汁。单果种子数 10~40 粒，单胚或多胚；少核种 3~4 粒，间有无核。丰产性好，较抗寒，又甚耐贮藏。

2. **温岭高橙**　原产浙江温岭。果实高扁圆形，果皮粗糙，橙黄色，单果重 400 克左右，果肉极易化渣，风味独特，果汁丰富，甜酸适中，清香可口，略带苦味。极耐贮藏，贮至翌年 4~6 月，风味尤佳，是鲜销、加工集一体的优良地方特色品种。

二、栽　植

（一）**栽植密度**　栽植密度要视土壤肥力、质地、品种、砧木特性等而定。生长势较弱的品种和土质略差的地方，宜稍密些，反之可适当疏些。

计划密植有利于提高前期产量，提高品质，但随着树龄的增长，尤其是在覆盖率达到 90% 以上时，会影响内在和外观品质。因此，要有计划地进行间伐，一般保持密度每亩在 45~65 株左右为宜。

（二）大苗定植 幼龄树的生长发育优劣与否，对其成龄的影响很大，抓好育苗及其定植后的管理是柑橘栽培的基本。苗木移植应当尽量减少对根系的损伤，有利于提高成活率，促进枝梢生长。以 3 年以上的大苗为宜，对根系和枝梢进行适当修整，加入客土、高畦栽培，定植时应当给予充分灌水。

定植有一年生苗直接定植的，也有经 1~2 年假植使苗木生长充实后再定植的。丰产、优质的果园建立，除了要选土层深度适中，排水和光照良好的立地条件外，可采用经过 1~2 年假植的大苗上墩。假植期间还可剔除一些生长势较弱的。

1.假植地的选择 假植地应当选择土层深厚，土质疏松、有机质含量高的微酸性土壤，进行深翻、整细，施入腐熟的有机质肥料后，再进行就地假植，以促使形成细根群和扩大树冠。假植苗间距以 50cm×50cm 左右即可。

2.土壤管理 早春萌芽前夕是假植的最佳时节，如错过这个时期，在春梢转绿时也可以进行。假植时以选择阴天或晴天无风天气为宜。根系周围的土壤要适当打紧，并浇透水，土表盖上稻草，以防干燥。定植后 1 周内须每日浇水。杂草丛生的可用除草剂，但对草甘膦等接触传导型的除草剂，在使用时注意勿溅到柑橘叶片上。假植苗的肥培管理要薄肥勤施，从 3 月开始，4月、5月、6月、7月及 11月，每月用稀薄人粪尿施 1~2 次，在新梢发生期还要加喷根外追肥 2~3 次。

3.树冠管理 假植时视根系多少适当疏去一些枝叶，对出现叶片萎蔫的，要及时摘除并短截。定干高度可选择在嫁接口以上 25~30cm，即可从夏梢自剪口下部，盲芽以上保留 3~4 个饱满芽定干。对夏梢要进行摘心，以增加分枝级数，避免抽生过长，对直立的侧枝，可进行拉枝。二年生苗木有的会开花，当显现花蕾时即全部摘除，以抽枝长叶，扩大树冠。

（三）大树移植 大树移栽的适宜时期为萌芽前，要点是边挖树、边定植、边浇定根水；尽量保护根系完整，尽量多带土团或土球，尽量去除枝叶，以求栽活。

1.时期 移植时期分为春、秋 2 季进行。春季移植在春梢萌动前的 2 月中旬到 3 月中旬进行。秋季移植适于暖冬地区于 9 月下旬到 10 月中旬进行。

2.移植 提早挖好移植沟穴。春植应当在上 1 年的秋季挖好；秋植的则在栽前 1 个月挖好。山地梯田移植沟位置选在梯田外沿的 1/3~2/5 处，以充分利用田间边际效应。同时在沟穴施足定植肥。每株按腐熟厩肥 1.5kg 或饼肥 0.3kg 加磷肥 0.2kg 与熟土充分拌匀施入。移植前应该对枝叶进行疏剪和回缩，保留骨架和适量枝叶，并充分灌水，以便根系多带土团或土球。栽植时，先将运输过程中受伤的枝叶和枝叶进行修整，剪除过长的主枝和多余的枝叶，根系多，多留叶，反之则少留。一般剪除量掌握在 30%~50%。

三、高产高效栽培技术

（一）整形修剪

1. 整形　柑橘优质果栽培的树体群体结构要求为：树冠高度控制在 2.5~3.0m 左右；树冠外部疏朗，内部透光；树形为自然开心形或圆锥形，主枝数 3~4 个，分枝角度 45°~60°；两树之间枝叶不宜交叠；树冠覆盖率控制在 75%~85%。

柑橘自然开心形要求第一主枝的分枝高度以嫁接口以上 15~20cm 为宜。通常主枝以 3~4 个为宜，按比较均匀的角度向 3 个方向伸出。各个主枝向外各有 2~3 个副主枝，组成树体的基本骨架。第一副主枝从距离主枝基部 60~100cm 处生出，第二、第三个副主枝之间相隔 30~45cm 即可。此外，为了使树体各部位充分受光，把结果部位分为多个结果层，让中下部也能充分受光，树形可保持三角形。对于主枝、副主枝、侧枝的整枝，应在此基础上确定各个枝顶端的去留。对过度伸长的枝应进行回缩。

2. 修剪　修剪要掌握时期、方法。

（1）修剪时期。柑橘主要的修剪时期只有选择在严寒过后的早春进行最为适合。根据柑橘生长发育规律，可分为春季修剪、晚春复剪（花前复剪）和夏季修剪。春季修剪是主要的修剪，为花前复剪和夏剪的基础，复剪和夏剪是春剪的补充，为辅助性修剪。

①春季修剪：在温度较低地区以 3 月为最适时期，温暖地区则可提早到 2 月进行。对抗寒性强的品种以及树势强健的植株，可在 2 月中下旬开始修剪；树势弱、花量少的植株，可以推迟到 4 月初修剪，以减少对花枝的疏删。总的是以气温已经稳定回升，植株尚未萌动为最适。

②晚春复剪：早春修剪细致，修剪合理，可不进行花前复剪。花前复剪要抓紧时间，在萌芽后能清楚地辨认出花芽时及时进行。因为到晚春柑橘树已抽生春梢，且在花枝上着生花蕾，此时不是修剪适期，不宜进行过多修剪。先剪成龄树、衰弱树或开花早的品种，后剪幼树、旺盛树和开花晚的品种。

③夏季修剪：泛指生长季修剪。正值柑橘植株生长发育的旺盛时期，原则上以轻剪为主，主要处理方法有摘心、抹芽放梢、除萌、拉枝、扭枝、疏花疏果、环割（剥）、剪梢等措施，调控树体生长与坐果的矛盾，在充足营养的前提下，进行抑制性修剪。

（2）修剪方法。修剪方法可分为以下几种。

①幼树修剪：通过抹芽控梢、拉枝，促使幼树多发新梢，迅速扩大树冠。疏删过多的新梢，对长的夏梢进行摘心，促发秋梢，增加分枝级数；当夏、秋梢长至 5~6cm 时，每梢留 2~4 条，秋梢可略多留些。

②初结果树的修剪：生长旺盛树以疏删强枝为主，衰弱树以疏删弱枝为主。继续选留、培养各级骨干枝，扩大树冠，修剪宜轻不宜重。通常对长枝从20~25cm处短截，直立枝的上部剪除1/2或2/5，促使分枝，或通过拉枝开张角度；位置不当的直立枝，可从基部剪除。适量删除交叉枝、细弱枝、过密枝。剪除晚秋梢、衰退枝和被害严重和病虫枝。下垂枝可待结果后酌情回缩。

③成年树的修剪：结果树修剪因品种、树龄、结果情况和修剪时期而异。疏剪枯枝、病虫害枝、衰弱枝、交叉枝、衰退的结果枝和结果母枝等，调节树体营养，控制梢果比例。对一些枝条也适当进行回缩修剪。剪去果梗枝的果梗部分，保留营养枝。如无营养枝可适当选留部分果蒂枝剪去果梗部分，删除多余的果蒂枝。

④大枝修剪：先审视树冠，从树干分生的大枝中，确定3~4根为主枝，锯除与主枝竞争的、直立的、密集处的大枝，使所留主枝上的副主枝显露出来，再按照每根主枝配置2~3根副主枝的原则，以删除中上部直立性大枝、开天窗，降低树冠高度为主，以合理的间距删留。锯大枝后的伤口要及时保护。

(二)施肥

1. 幼年树施肥 春植成活后开始施肥，促发和培育春、夏、秋梢，每次梢应分别施萌芽肥和壮梢肥，每年3~8月中旬每月施1~2次速效肥。10月下旬至11月中旬施保暖肥，有机肥占60%左右。年施肥量每亩为速效氮2~3.3kg、速效磷1.3~1.6kg、速效钾1.3~1.6kg。薄肥勤施，逐年增加施肥量。

开始进入结果的初生树每亩可年施速效氮4.6~6.6kg、速效磷2.6~3.3kg、速效钾3.3~4.0kg。3月、8月的新梢发生期各施速效肥1次，11月中、下旬施越冬肥，有机质肥料占50%以上。

2. 成年树施肥 柑橘的施肥量是根据品种、树龄、树势、结果量、土壤肥力、气候、肥料种类等来决定的。据研究，生产1000kg鲜果所需要的施肥量是N：7~10kg，$N：P_2O_5：K_2O$之比为1：(0.5~0.7)：(0.8~0.9)。同时应当考虑到园地的肥力状况，土壤肥沃，腐殖质含量高的园地适当少施，土壤瘠薄的应当适当增加施肥量。

(1)萌芽肥。施肥的目的在于壮梢壮花，延迟和减少老叶脱落。在萌发前施速效氮肥。这次施肥应以化肥为主、加重氮肥的施用量。在4月上中旬，当花蕾出现以后，视其花蕾多少而补施1次氮肥，结合根外追肥，喷施硼肥及微量元素和植物生长素。

(2)稳果肥。在谢花时施速效氮肥，对稳果效果显著，也可采用根外追施尿素和磷酸二氢钾2~3次，坡地橘园可添加硼砂。柑橘从5月上中旬开花结果后，有2次生理落果高峰期，这次应看树施肥，若花多果多，施肥就多，花少果少营养枝多，就应少施或不施。并应以根外追肥为主。

（3）壮果肥。生理落果停止后，老树施肥壮果，幼年树和壮年树既要促进果实增大，又要及时促使营养枝大量萌发和生长充实成为良好的结果母枝，以氮肥为主结合磷钾肥。秋梢是来年最可靠的结果母枝，应于6月下旬至7月上、中旬施肥。此次以磷钾肥为主，轻施氮肥，以利改善品质和提高产量。

（4）采果肥。在采果前后施肥补充营养，恢复树势，促进花芽分化。冬季是柑橘休眠、又是花芽分化期。施肥宜早不宜迟，以腐熟肥为主，于11月底前施下，以恢复树体提高抗寒能力。

（三）保花保果与疏花疏果

1. 保花保果　在柑橘幼果发育和枝梢伸长期，常常会出现梢果营养矛盾，在正常的气候条件和生长发育过程中，也有落蕾、落花、第一次生理落果、第二次生理落果及采前落果现象。如果花期遇到气温高于30℃，幼果期超过34℃，或持续数天日均温在25℃以上，会引起严重的落花落果；夏秋季高温和伏旱相伴的天气，也会引起落果、裂果、落叶，致使当年大幅度减产。

（1）抹梢保果。柑橘幼果发育期，在氮肥施用量大而且雨水多的年份，春夏梢往往会过于旺长，控制枝梢生长，对防止或减少梢果矛盾效果明显。在小年，春梢抽生较多，会加重落花落果，旺梢时可疏去1/3~3/5的春梢营养枝，或在春梢展叶，长度2~4cm时，留叶4~6片摘心，并全部抹除在第二次生理落果结束前抽发的夏梢，或仅留基部两片新叶进行摘心，化学控梢可用750~1000mg/kg多效唑喷洒新梢，等到稳果后再放梢，以减少水分消耗和养料的浪费，满足果实生长对养分的需要。

（2）覆盖橘园。高温伏旱季节用秸秆、杂草等覆盖橘园可起到防旱保水、保土增肥、降低温度的作用，覆盖厚度10cm左右。

（3）施肥壮果。一般每株成年结果树施入畜粪尿肥20kg加过磷酸钙0.4kg。秋肥不足，柑橘不能迅速恢复生长势，过冬时容易引起落叶；春肥如果偏施氮肥，大量抽发春、夏梢也会造成与花、幼果争夺养分。在大年，可适当提早分批采收，采后适当追施肥料，使之及时恢复树势，增加体内贮藏养分，促进花芽分化。

（4）根外追肥或喷施植物生长调节剂。从花蕾期开始，隔10~15d，用0.3%~0.5%尿素、0.3%磷酸二氢钾的混合液，也可用2%草木灰浸出液和1%过磷酸钙浸出液等叶面肥连喷2~3次，以满足果实发育所需养分，起到保花保果作用。对树势强、花量少的树，要严格控制抽梢前的氮肥用量，可以采用环状剥皮或选用40~50mg/kg赤霉素在花谢2/3时进行保果。

（5）宽幅环剥。宽幅环剥适合于花量多而又不结果或少结果的健旺橘树。选择全树1/3~1/2的副主枝或侧枝，用嫁接刀在离枝梢基部5~10cm处上割

2条环形的圈，环剥宽度为环剥枝直径的1/6为宜，圈距5~12mm，刀口深度以切断皮层，不要伤及木质部，剥去皮层，不要触摸污染剥口，用毛笔涂促皮素于整个剥口表面，并立即用3~4cm宽的绿色薄膜包扎，2个月后新皮长成及时解除薄膜。环剥适期在第一次生理落果初期进行，可减少第二次生理落果。对环剥树加强肥水管理，因结果量增多，酌量增施肥料和根外追肥次数。

此外，一旦花期和幼果期发生高温，可采用橘园灌水或喷水降温，补充因蒸腾作用而消耗的水分，可使橘园温度降低2~3℃。树盘覆草和合理间作绿肥，也有利于提高橘园的相对湿度，降低土壤温度。

2. 疏花疏果　疏花疏果技术是一项简单易行的实用措施，疏蕾、疏花、疏果的时间越早效果越好，有利于克服大小年，达到丰产、稳产、优质的栽培目的，具有良好的经济效益。

（1）疏蕾、疏花。对有叶结果枝多的结果母枝，疏去（短剪）部分有叶结果枝。在盛花期、谢花末期分别进行两次摇花，摇去畸型花、授粉受精不良的幼果及花瓣，减少养分消耗。柑橘大年花量多，特别是无叶花多，因此来年作为结果母枝的枝梢发生少。

（2）疏果。早期疏果在第二次生理落果结束后至8月上中旬之间进行。大约按1个果15片叶的叶果比进行疏果，对着果多的橘树要疏去全树将近一半的果实。为了培养来年的结果母枝，还可以选一些结果少的枝进行全枝疏果。8月下旬至9月，当果实横径长到4cm左右时，可以进行精细疏果了，这次疏果以提高果实品质为目的，先疏除伤残畸形果、病虫害果，再疏除劣质果实。

四、采　收

（一）时期　柑橘类果实除柠檬外都必须适时采收。供贮藏的橘果宜在果实着色面积达到2/3~3/4，糖酸比达到应有的标准时采收。采收过早，影响风味和品质，并产生芳香味。过迟采收，宽皮柑橘易形成浮皮果，甜橙易患油斑病，杂柑类易发生虎斑病，容易引起腐烂，不耐贮藏。

在大风大雨后应隔2d采收。早晨露水未干，雾天雾气未散尽时，均不宜采收。

（二）方法　橘剪必须圆头平口，刀口锋利。橘凳采用双面人字形。采收人员应修剪指甲，戴上手套，随身携带果袋或橘篓，随剪随放。果袋或橘篓容量以5kg为宜，橘篓和橘筐都要内衬粗纸。

采收时遵照选黄留青，先下后上，由外向内的采收原则，采用"一果二剪"法：第一剪剪在离果蒂1~2cm处，第二剪把果柄剪至与果肩相平。采收时不可拉枝拉果，注意轻拿轻放，落地果和伤果应剔出。包装箱内要加衬垫物，果实不可太满，以免压伤。

复习思考题
1. 柑橘有哪些优良品种？
2. 柑橘怎样进行栽植？
3. 柑橘有哪些高产高效栽培技术？

第五节　杨梅栽培知识

一、优良品种

（一）荸荠种　又名炭梅、仙梅（仙居）。果实完熟时呈紫黑色，果蒂小，果顶微凹，果底平，果梗细短，采后多脱落；肉柱棍棒形，柱端圆钝，较其他品种离核性强，肉质细软，汁液多，味甜微酸，略有香气，含可溶性固形物 13%，含酸量 0.9%，可食率高达 96%，品质特优；核小，卵形，密披细软绒毛，重 0.51g。产地 6 月中旬至 7 月初旬成熟，采收期长达 20d 之久。

（二）东魁　原产浙江黄岩江口镇东岙村，故又称东岙大梅。果实特大，高圆形，纵径 3.66cm，横径 3.37cm，果重约 25g，最大果重达 52g，为目前世界上果形最大的杨梅品种。完熟时深红色或紫红色，缝合线明显，果蒂突起，黄绿色；肉柱较粗大，先端钝尖，汁多，甜酸适中，味浓，含可溶性固形物 13.4%，总糖量 10.5%，含酸量 1.10%，可食率达 94.87%，品质优良。适于鲜食或加工。黄岩等主产地成熟期为 6 月下旬至 7 月上旬，采收期 10~15d。

（三）黑晶　从浙江省温岭市地方种质资源中选育而成的大果型乌梅类杨梅新品种。该品种果实大、果实圆形，平均单果重 20.4g，果实大小仅次于东魁杨梅，是荸荠种杨梅果实的 2.24 倍，果顶较凹陷，果蒂突出呈红色，完熟时呈紫黑色，有光泽，具明显纵沟；果核略大，可食率 90.6%。肉柱先端圆钝，汁液多，甜酸适中，肉质致密，品质特优。可溶性固形物含量 12.1%~14.7%。丰产性好，着果均匀，大小年结果不明显，6 年生株产可达 22.3kg。

（四）丁岙梅　原产温州茶山。果实圆球形，中大，纵径 2.6cm，横径 2.7cm，单果重 11.3g，大的可达 13g 以上，果柄长约 2cm，常连柄采下出售；完熟时果面紫红色，两侧有纵浅沟各 1 条，果顶与果底均圆形，果蒂较大，红黄色，加上绿的果柄与果面紫红色相映，故有"红盘绿蒂"的佳名；肉柱顶端圆钝，肉质柔软多汁，甜多酸少，含可溶性固形物 11.1%，含酸量 0.83%，可食率 96.4%，品质上等。主产地 6 月中下旬成熟。

（五）晚稻杨梅 原产浙江舟山白泉镇爱国村。果圆球形，中大，平均果重 11.70g，大的可达 15g 以上；完熟时色乌黑，有光泽；果柄短，果蒂小，色深红；肉柱多槌形，顶端圆钝、质细，汁多，甜酸适口，略具香气，核与肉易分离，品质特优，含可溶性固形物 12.6%，总糖量 9.6%，总酸量 0.85%，可食率达 95.5%。原产地 7 月上中旬成熟，采收期 12~15d。

二、育苗与定植

（一）育苗

1. 实生苗

（1）种子采集与贮藏。杨梅实生苗的种子一般从生长健壮的实生成年树上采收，待果实充分成熟后采收，收后堆置 3~5 日，当果肉腐烂后洗净，用比重 1.15 食盐水除去上浮不饱满的瘪籽，一般每 100kg 果实可得种子 20~30kg，再用清水漂洗后稍行晾干就可播种，但多数是进行砂藏后播种。果实堆积发酵时要避免日光直射，堆积厚度一般不超过 20cm，以免温度过高而引起种胚死亡。

一般果农都用的层积法贮藏。即开深 30cm，宽 60~100cm 的沟，底部铺沙约 6~7cm，然后放种子一层，再将沙与种子交互层放，最后铺沙一层，上面覆稻草。种子易遭鼠害，要注意防范。

（2）播种。一般于 9 月下旬至 10 月上旬整地，施足基肥，每亩施入厩肥约 1000kg。平整后，再在畦面撒 1 层红黄壤新土。撒播的每平方米需种子 1.25~1.5kg，条播的可减少 2/3。播后用木板或扁担将种子压入土中，使与畦面相平，上覆一层焦泥灰或过筛的黄泥土，厚约 1cm，然后畦面撒些多菌灵，以防苗期病害，同时覆草，以防土表板结。

（3）移苗和管理。播种后立即搭建小拱棚，于 2 月上中旬已基本出土齐苗。4 月中、下旬移苗。苗地翻耕后，作成约 1 米宽的畦面。然后开沟，每亩施腐熟菜饼 150kg 或厩肥 1500kg 及数百千克的草木灰作基肥。4 月中下旬选无风阴天，按株行距 10cm×（30~35）cm 移栽，每亩种植 1.5 万~1.8 万株。5 月份每亩施复合肥 3~4kg，隔半个月后再施 1 次。7~8 月旱季，宜晚上引水沟灌，翌日清晨排除沟内积水。10 月份苗可高达 50cm，茎粗 0.6cm，可供翌春嫁接。

2. 嫁接苗
杨梅一般以枝接为主，也有用根接的。砧木除培育实生苗外，还有从山地掘取野生苗进行大砧木掘接。或预先在定植点上栽植，待生长 1~2 年，当树干直径达 3cm 以上时再行嫁接。杨梅嫁接，一般在萌芽展叶后的 3 月中旬至 4 月中旬进行。

砧木小（直径 0.5~1cm），常用切接或皮下接，砧木大（直径 2~3cm 以上）用劈接、嵌接或腹接。接穗一般随采随接，从采穗圃或盛果期优良单株选二三年生直径 0.5~1cm 的充实春梢。接穗剪取后，剪去叶片，保湿备用。

（二）栽植　因冬季常有冻害，多采用春植。即 2 月上旬至 3 月中旬栽植。

1. **栽植密度**　应据当地气候条件、土壤肥瘠和品种特性而异。一般杨梅每亩栽 16~33 株，其株行距多为 7m×5m、6m×5m、6m×4m、5m×4m 等几种，东魁、晚稻杨梅稀些，其他品种可密些。

2. **栽植方法**　杨梅苗在施足基肥的定植穴栽种时，除浇足定根水和最上层用深土覆盖到高于地面 20cm 左右，并使苗木嫁接口刚露出土表为度外，要立即做好定干工作。即在苗木中心干嫁接口以上留 25~30cm 处剪去顶梢，促使下部抽发新梢，然后再选 3~4 个强壮新梢作主枝。若苗木已有分枝，离地面高度适当的可留作主枝外，剪去离地过近的枝条。

在近距离种植杨梅时，可保留叶片或仅剪去顶部少量叶片，以减少蒸发，提高栽植成活率；若苗木需长途运输或邮寄的，宜全部去叶，不然栽植成活率难以保证。

3. **授粉树配置**　杨梅属典型的雌雄异株果树，风媒花。据文献记载，花粉可飞越 4000~5000m。为使杨梅丰产、优质，在建园时配栽 1% 的雄株还是必要的。雄树定植位置除注意适当均匀分布外，应尽可能定植在花期的上风口。如产地已有野生雄株，可保留作授粉树。

三、高产高效栽培技术

（一）整形修剪

1. **整形**　杨梅树冠自然生长时为自然圆头形、高扁圆形，至成年结果后则渐为半圆形，一般都比较整齐。杨梅抽枝时，多数顶芽及其附近几芽抽生，其下各芽以隐芽状态潜伏，故很有规律，目前生产上整形，通常以自然开心圆头形和自然圆头形为主，树势强旺而较直立的品种则可采用疏散分层形。

2. **修剪**　修剪要注意修剪时期与方法。

（1）修剪时期。杨梅是常绿果树，较抗寒，在温暖地区无真正的休眠期，通常无低温冻害之虞，除 4~6 月挂果期外，都可进行修剪。

①生长期修剪。约在 6~9 月，其主要修剪方法有环割、环剥、倒贴皮、拉枝、除萌、短截和疏删修剪。杨梅枝条比较松脆，而 7~9 月树液流动旺盛，枝条不易折断，适于拉枝作业。杨梅品种繁多，且立地环境各异，抽梢时期又不甚一致，所以拉枝、除萌等夏季修剪要进行 3~4 次。

②休眠期修剪。秋梢生长完全停止至春梢萌芽前（10 月下旬至翌年 3 月

下旬）进行修剪。多数地区在2月下旬至3月中旬进行，尤其是幼树和衰弱树更以春剪为宜。在无冻害暖地，可提至冬季进行。"休眠期"修剪可明显地减少春梢发枝量，对缓和树势、提高着果率和产量作用显著。但抑制树势程度不及生长期修剪。所以，杨梅修剪以生长期修剪和"休眠修剪"并重。

（2）修剪方法。杨梅幼年树的修剪目的是缓和树势，促使早日形成花芽，及早投产；成年结果树旨在调节生长和结果的平衡，降低大小年结果幅度，提高果品质量。

①侧枝修剪。拉大幼树侧枝角度达80°~90°，是促进花芽形成的重要措施，同时结合环割或倒贴皮促花，生长过旺的侧枝可去强留弱修剪，维持侧枝健壮而不徒长。一个侧枝群经3~4年结果后，在适当位置培养更新枝，待原有侧枝衰老、纤细密生及交叉，结果部位远离基枝时，逐步回缩直至删去，以更新枝代替。

②结果枝修剪。结果枝修剪的主要目的是调节结果与生长的平衡。修剪时将一个侧枝上的结果枝全部留存，而另一侧枝上的部分结果枝进行短截，促使形成强壮的预备枝，供翌年结果。一般短截全树1/5的结果枝，即能萌发足量的翌年结果枝，调节大小年结果作用明显。

③徒长枝修剪。首先从基部删除扰乱树形的徒长枝；发生在骨干枝光秃部位或树冠空缺处，则视具体情况短截，使其演变成侧枝，增加结果部位或补缺树冠。

④下垂枝修剪。长势尚旺和具有结果能力的下垂枝，可用支撑或向上吊缚，继续维持结果；过分下垂的应逐渐剪除，使树冠下部和地面保持70cm左右的距离。

⑤过密枝、交叉枝、病虫枝及枯枝的修剪。出现以上枝条时应及时从基部剪除。

（二）施肥

1. **幼年树施肥** 每亩栽18株的4~5年生"东魁"，全年施氮量为3.5kg，磷为0.9kg，氧化钾为3.0kg，三要素比例为4:1:3.5。1~3年生的幼树，每年秋冬增施有机肥改土，每株施鸡粪10kg或土杂肥25kg；春夏按"一次梢二次肥"的原则，即在新梢抽发前的半个月施一次以氮为主的"攻梢肥"，待新梢老熟前再施一次以钾为主的"壮梢肥"，可保证新梢长度达10~25cm，每梢着叶15~25片。

2. **成年树施肥** 每亩栽18株的"东魁"，全年施氮量为9.2~10.6kg，磷2.3kg，氧化钾为12.3kg。三要素比例为4:1:5。与幼年树比较，要大幅度减少磷的施用量，增大钾的施用量。增施钾肥，能增大果形和提高品质，尤其是要加大硫酸钾的施用量，不宜施用氯化钾。

杨梅切忌单施氮肥和单施或过量施用过磷酸钙及钙镁磷肥，不然导致果小、味酸及树势衰弱。但按比例适量施用磷肥还是必要的。在花芽分化前每株施氮0.25kg后，对花芽的分化和形成的速率显著增加。施用氮肥，品种间反应有不同。

3.施肥方法　根据梯田或坡地的具体条件，常采用在树冠外围直下开环沟、长沟、放射状沟、树盘状或穴施法施用。施后即覆土。杨梅肉质根容易损伤，故开沟挖穴时宜以少伤根为佳。

（三）园间管理

1.深翻扩穴　定植后第二年起，每年10月间结合施用有机肥，在原定植穴向外扩穴，深30~40cm，宽40~50cm，直至全园翻毕为止。

2.间种绿肥　杨梅幼树种植后至结果期以前，利用行间隙地种植夏季绿肥，在4月上中旬气温超过10℃时播种，播种时每亩施钙镁磷肥5kg、硫酸钾10kg、钼酸铵2g，在6月中下旬夏季伏旱来临前刈割，一般每亩产量约500~1000kg，作为幼树夏季覆盖草源和肥料。

3.除草覆盖　幼树定植后，于6月下旬至7月上旬夏季伏旱来临前，在树盘1~1.2m直径范围内，结合收割绿肥，连根清除杂草、杂树，覆盖绿肥、杂草或嫩绿枝叶，厚约10cm，并用泥块或草皮泥压住。覆盖物不要触及幼树主干，以免引虫为害或覆盖物腐烂发酵后高温灼伤树干。4月、6~7月及9~10月，结合施肥，进行中耕除草或人工拔草。

4.培土　山坡地杨梅园，水土流失比较严重，根系容易暴露在外，培土可以保护根系，扩大根系的伸展范围。培土可隔年或每年进行。就地挖掘山地表土、草皮泥、焦泥灰、塘泥等。在土层浅薄处，宜用客土法来加厚土层，每年加厚约3~6cm，至成林时客土高出地面约30cm。加客土时，黏性重的土壤加砂砾土和有机质，砂砾地加有机质、河泥、田泥，这样既改善土壤结构、提高肥力，又可增加水土保持能力，利于根的生长和发育。

（四）抑梢促花保果和疏花疏果

1.抑梢促花保果　抑梢促花保果应注意以下几点。

（1）多效唑控冠促花。适用于5年生以上生长势特别旺盛的未投产树和旺长无产树或少产树。4年生以下的幼树或树势衰弱者不能使用，否则会引起不良的副作用。

使用方法有树盘土施和叶面喷施两种。土施时，于10月至翌年3月，将树冠下的表土扒开，其深度以见细根为度，把定量的多效唑与30倍左右的细土混和后，均匀地撒在树盘内，然后覆好土壤即可。树盘施用多效唑的用量依树势、品种、树盘大小而定。叶面喷施时，未结果旺长树，在春梢或夏梢长达5cm左右时喷施为佳。

（2）赤霉素。于盛花期或谢花期树冠喷施 15~30mg/kg 赤霉素 1 次，一般可提高着果率 20%~30%。

（3）旺长树。当年不施氮或少施氮，适当施用钾肥和磷肥；夏末初秋，沿树冠滴水线附近开沟，在深 30~40cm 处断根；大型枝组可进行螺纹状环割。

（4）高接花枝和人工喷花粉。为提高杨梅着果率，除配栽授粉树外，在缺乏授粉树时，可在主栽树上每株高接 2~3 条雄花枝，或遇花期连绵阴雨时，从异地采集雄花枝，插入水桶，当雄花序即将撒粉时，将它放在摊开的湿毛巾上，轻拍花枝促使花粉撒落在湿毛巾上，然后将湿毛巾在洁净水中摇荡，反复多次洗出花粉，选晴天用喷雾器将黄色花粉水，连续 2~3 次喷在盛花期的雌树上。

（5）防止和减少采前落果。杨梅采前落果严重，如水梅类落果率可达全树果实的 1/5~1/4，可在采收前 15~20d 喷施防落素，可明显减少落果。但有延迟 1~2d 采收之弊。

2. 疏花疏果

（1）短截结果枝疏花。一般于 2~3 月中旬，对花芽分化过多的大年树，全树均匀的短截 1/5~2/5 结果枝，并疏除细弱、密生结果枝，同时每株施尿素等速效氮 0.5~1.0kg，促发营养枝。

（2）疏果。分 2~3 次进行，分别在盛花后 20d 和谢花后 30~35d 时进行，疏去密生果、劣果和小果，6 月上旬果实迅速膨大前再疏果定位。每根果枝留 1~4 个，大果型品种留 1~2 个，小果型品种留 3~4 个。丰产年份多疏树冠上部果实。

四、采　收

（一）时期　杨梅成熟期正值梅雨多湿高温季节，果实成熟后易于落果和腐烂，故应随熟随采。杨梅采收期因品种不同而有差异，成熟与否可依据不同品种成熟时表现出的特征加以判断。乌杨梅品种群如荸荠、晚稻杨梅等，果实由红转紫红或紫黑色时为最佳采收期；红杨梅品种群，待果实肉柱充实、光亮，色泽转至深红或泛紫红时采收；白杨梅品种则以果实肉柱上的青绿色几乎完全消失，肉柱充实，呈现白色水晶状发亮时采收为宜。

（二）方法　杨梅要求充分成熟时采收，同一株树上的杨梅果实成熟时间先后不一，所以采收要分期分批采收。一般每天采收 1 次或隔天采收 1 次。又因杨梅果实无果皮保护，极易受损伤、故采收时要轻采、轻放、轻运，以免受伤。采收时间以清晨或傍晚为宜，避免在雨天或降雨初晴时采收。采收前要求剪短指甲，以免刺伤果实。采收时用右手三指握住果实，食指顶住柄部，往上挪动，就可使果连柄轻轻摘下。所采果实盛于底部及四周衬有新鲜蕨类或柴草的竹箩、竹篮或有孔的塑料箱中，以减少挤压和损伤。以小竹篓、小竹篮包装出售的杨梅，可用蕨类或柴草衬底的小竹篮或小竹箩，在采收时直接提在手上，随采随装。一般每篮（箩）不宜超过 5kg，这样可使果实保持完整、新鲜状态，有利于销售。

此外，加工糖水杨梅用的果实，与鲜食用果一样方法采收，而制盐坯、果酱等的果实，可在树下垫草或铺塑料薄膜，摇树震落果实捡拾，速度快，损伤大，只能贮藏 1~2d，迅速加工。

复习思考题

1. 杨梅有哪些优良品种？
2. 杨梅怎样进行育苗与栽植？
3. 杨梅有哪些高产高效栽培技术？

第六节　草莓栽培知识

一、优良品种

（一）红颊　又称红颜，植株直立高大，长势强，叶片而厚，叶色淡绿，有光泽。果实整齐，果大，短圆锥形，鲜红色，商品果率高，第一茬果收获平均单果重 32.6g，最大单果重 135g 以上。果肉白色，果形端正，色泽鲜艳，香味浓郁，酸甜适口，较整齐，可溶性固形物 12%~14%，品质优。果实较硬，耐贮运，丰产性能好。但不抗白粉病和灰霉病，较耐低温。

（二）章姬　章姬果实呈长纺锥形，平均单果重 20g 左右。果形端正整齐，畸形果少，果面绯红色，富有光泽。果肉柔软多汁，肉细，味甜，含可溶性固形物 9%~14%。果实完熟时肉质柔绵，品质下降。因具皮薄且嫩，不耐贮运，故宜在七八成成熟时采收。低温时果蒂青绿色，转色差。

二、草莓苗培育

匍匐茎由短缩的新茎上的腋芽发育而成，呈匍匐状生长，故名。草莓多数品种，在匍匐茎的奇数节上只具两个苞片，以后在苞片的腋芽处抽生新的匍匐茎分枝。而在其偶数节上，则向上生成一小型叶，然后出现生长点，形成正常叶。在贴近地面处发生不定根并扎入土中，成为一株子苗，通常称之为匍匐茎苗。新的匍匐茎和新的子苗重复上述过程，周而复始，不断产生新的匍匐茎和新的子苗，子苗按其母株的远近依次称为一次苗、二次苗、三次苗。在一个生长季里一株母株一般可抽生 9~10 次匍匐茎，形成 50~150 株子苗。

匍匐茎育苗一般要经过母株培育园→子苗繁殖园→假植苗培育园的过程。

（一）园地选择与准备

1. 母株培育园　种植和培育专用母株苗的场所，应选排灌方便、避风向阳、土壤疏松的园地为宜，使母株安全越冬。无毒母株苗应由专门繁育单位，在完全隔离的设施内用山土或其他基质进行培育。

2. 子苗繁殖园　繁育匍匐茎苗的场所，宜选土壤疏松肥沃、不易积水、排灌方便的地方，切忌连作，忌在前作是茄、瓜果类地育苗，也不要利用采收后的生产园作育苗地。

3. 假植苗培育园　假值和培育壮育的场所，宜选肥力中等、土壤疏松、排灌方便并距生产园较近的地方。

母株园与假植园翻耕整地后做成畦宽 1.2m、沟宽 40cm、深 25cm 即可。育苗园应在冬季翻耕冻土，并在母株苗种植前 20 天左右翻耕整地，每亩撒施腐熟栏肥 1500~2000kg 和 N、P、K（15：15：15）复合肥 30kg。然后按畦宽 2m、沟宽 40cm、沟深 25~30cm 开沟作畦，畦面作成龟背状或单边倾斜状。

（二）母株选择与定植　目前生产上以选用专用母株苗的方法较多。专用母株应于上年 9 月下旬至 10 月上旬选择生长健康的 2~3 叶幼苗，按 15cm×15cm 的行株距，定植于母株园中培育越冬。第二年 3~4 月移植母株时，再次进行选择生长健壮者作母株苗。专用母株定植后，如发现生长不正常时，需及早去除。如此经多次选择的专用母株，一般 1 株母株苗可采 4~6 叶子苗 40~80 株，采子苗数随母株苗定植时期推迟而减少。

母株苗定植的适宜时期为 3 月中旬至 4 月中旬之间，以早为宜。定植时为防止伤根，尽可能采用带大土块移栽，以防倒苗，并摘除老叶、黄叶和花茎。母株按 40~60cm 株距单行种植于畦中或畦边。株距因品种特性、定植早晚、土壤条件、管理水平以及假植与否而异。

（三）育苗园管理　母株定植后，要充分浇透稀薄人粪，促进母株成活。母株成活后的培育目标是养成健壮植株，使它多发匍匐茎和子苗。主要管理工作有以下几个方面。

1. 施肥　母株成活后应提供足够养料，特别是氮素养料，使母株生长健壮，多发叶，增加光合能力，促进母株多发早发匍匐茎，促进早发 1~3 次子苗。施肥时要掌握薄肥勤施的原则，每 15~20d 施一次。结合防病治虫，亦可增施叶面肥。

2. 喷赤霉素　匍匐茎发生量多少除受植株体内营养状况决定外，还受生长激素（赤霉素）在植株体内积累量多少的影响。据报道，赤霉素有刺激叶腋芽原基转化成匍匐茎原基的作用。植物体内赤霉素的积累量多有利于这种转化，故母株定植后应用 50~100mg/kg 赤霉素喷两次，两次间相隔 1 周，喷布效果随母株定植时间推迟而减弱，喷2次效果比喷1次的好。

3. 摘花茎　花茎与匍匐茎同出于1个叶原基，4月中旬正是草莓花茎与匍匐茎旺发期，为使营养集中，促进母株营养生长和多发匍匐茎，应随时摘除花茎。但要注意防止损伤茎部腋芽。喷赤霉素和摘花茎，对促进匍匐茎发生均有不同程度的作用。

4. 整理匍匐茎和压蔓　当母株抽生匍匐茎子苗未扎根前，应将其靠均匀地分布在母株周围，并用泥土把子苗匍匐茎节压牢。这样可使抽生子苗能均匀地分布，使子苗及时扎根。若任其自然生长，子苗分布不匀，苗密处出现纤细苗和"浮苗"（根不入土）。一般在1~3次子苗扎根前，必须认真做好这项作业，要及时删除过密的纤细苗和浮苗。

5. 土壤湿度管理　育苗前期正遇春雨和梅雨涝害，后期又遇7~8月高温干旱，土壤过湿和过干均不利于匍匐茎发生和子苗扎根。适宜匍匐茎发生的土壤相对含水量为80%。因此，雨季要注意及时开沟排水，防止涝害；旱季要及时灌水，保持土壤有适合根系生长的应有湿度；出现洪涝则要及时排水，并及时喷药防病。

6. 中耕除草与施肥　苗期正值春夏杂草旺长期，特别是前期匍匐子苗数量尚少，极易造成草荒，杂草是多种病虫的传染源和中间寄主，因此育苗地一定要及时除草。

三、假　植

（一）时期的确定　假植时期因栽培形式不同而不同。一般促成栽培在7~8月份，半促成栽培或露地栽培在8~9月，假植期以30~60d为宜，超过60天易养成老化苗。假植的具体日期可根据定植期向前推30~60d来计算。若采用盆钵育苗、高山育苗或夜冷育苗时，则以7月上中旬采苗假植为宜。

（二）采苗标准和方法　假植用苗宜选用具2~3片展开叶、已扎根健壮的幼苗为好。若苗源不足时，也可采具3~4片展开叶、已扎根的苗，但须按苗体大小分开假植。在假植前1d，最好事前将育苗地浇透水，便于带土假植，以提高成活力和减少缓苗时间。若不带土，采苗后应用湿报纸包根保湿；若遇高温干旱天气，也可将幼苗根部浸于水中，防止根系干燥。一般以上午采苗、下午假植为宜。假植园应事先搭建好荫棚，并边种植边浇透水。若无条件建荫棚，亦可用草帘等遮阳物搭小拱棚。

假植畦宽1~1.2m，沟宽40cm，以便于作业。假植的株行距以15cm×20cm为宜。种植深度以根茎在土下为宜，防止种得过深而烂心。

（三）假植苗管理要点　应掌握"前促后控"肥水管理原则，子苗栽种后应以稀淡人粪水（50kg水加1勺人粪尿）或0.2%液肥浇透点根肥。栽后3~5d，每天喷(洒)水,保持土壤湿润促进成活,待苗成活后,除去遮阳物。结合浇水施2~3次以氮肥为主的追肥,促进子苗根叶迅速生长。促成栽培苗应在8月中旬后停止施氮肥,并控制浇水,保持土壤适度干燥,这样有利于促进花芽提前分化。

草莓假植正值高温干旱季节,而且草莓苗对肥料浓度十分敏感。为防止肥害,追肥一定要施稀薄液肥,液肥浓度在0.2%以下。

(四)摘叶 子苗假植成活后,待长出2~3片新展开叶后,要及时摘除老叶和黄叶。促成栽培用苗在8月中旬后要控制其叶片数,一般保持4~5片叶为宜。因为叶柄基部含有较多的赤霉素,因此摘叶既可抑制子苗营养生长,又有利于花芽分化。同时,也可除去前期感染上白粉病的叶,减少病源。

四、大棚设置

宜南北走向,使光照充足、均匀;单栋式大棚的规格以(45~50)m×(6~7)m,棚间隔1.5m较好,土地利用率较高,又便于大棚的温、湿度管理和田间作业。连栋棚则按棚型而定,双连栋棚宜加宽间距至2m。

五、高产高效栽培技术

(一)土壤消毒 土壤消毒的具体方法有化学消毒法、利用太阳能高温消毒法、合理轮种等办法。

(二)翻耕施肥 在定植前15~20d土壤经消毒后再进行翻耕、耙平、撒施基肥,与土拌均匀,然后开沟作畦。采用深沟窄畦,畦连沟宽0.9~1m,沟深30cm,沟面宽40cm,畦面保持50~60cm,沟底宽30cm。畦面平整略呈龟背形,以防积水。

促成栽培草莓采收期长,常会因肥力不足而出现早衰现象,同时也不能忽略草莓不耐肥,易发生盐类浓度障碍的特点。为防止上述现象,施基肥要注意以下几点。

1. 基肥量要足,并以有机肥为主 若每亩目标产量为2000kg,则基肥用量为腐熟猪栏肥3000kg,或鸡粪1000~1500kg,再加菜籽饼肥100~150kg,复合肥80kg,钙镁磷肥50kg。或者施入有机复混肥150~200kg。基肥用量约占总施肥量1/2或1/3。

2. 施腐熟栏肥 新鲜栏肥易引起肥害"烧苗"和芽枯病。菜饼、猪粪、鸡粪等有机肥结合土壤消毒及早施入,使之有足够的腐烂分解时间。

3. 基肥要与土壤充分混和 草莓根系浅,多数分布于地表下0~20cm处。所以施基肥深度,应在15~20cm内。

4. 肥料搭配要适当 基肥中速效肥和迟效肥与N、P、K搭配要合理,并以迟效肥为主，适当搭配速效肥。但基肥中速效氮不能过多，否则会造成前期生长过旺，而抑制腋花芽分化。

5. **施好基肥整好地面** 如果天气晴朗无雨或少雨时，应先充分灌水，促使基肥早日腐熟分化以防止种植后产生肥害。

（三）定植

1. **定植时间** 草莓定植时间的确定，除了考虑作物茬口外，还应综合考虑苗情、气温、定植后至保温前（促成栽培）或休眠前（露地栽培）生长期的长短等。从气候来看，露地草莓最适宜定植期为10月中旬；促成栽培草莓定植期为9月中旬，9月5日至25日为适宜定植时期。具体日期确定还应考虑早栽不如巧栽。一般在下雨挖苗、下雨栽和下雨挖、天晴时栽，其成活率差（仅55%~65%），而晴天时上午挖苗、下午种和下午挖苗、第二天上午种的成活率较高（达95%以上）。

近年来各地莓农采取在花芽分化期前定植，即在苗田直接挖取生长良好具4~5片叶苗，于8月底至9月初（9月5日前）定植；让苗在定植后再进行花芽分化。注意不宜过早，成活后应适当控制浇肥灌水，防止营养生长过旺，抑制花芽分化。

2. **种植方式、密度** 通常以每亩栽8000株左右较为合理，而设施栽培的丰香，据多年的试验与生产实践，以6000~7000株为宜。在双行种植时，三角形种植又比并列种植产量高。

（四）定植后至保温前管理

1. **定植初期的管理** 定植初期管理目标主要促进苗成活，必须做好搭遮阳棚、浇水松土等工作。

2. **定植后期至保温前的管理** 这段时期的管理应注意以下几点。

（1）植株整理。为了保证有合理叶面积，合理花茎数和田间通风透光，要经常做好植株整理工作。

①掰叶。按照20cm×25cm种植密度，当植株没有分枝时保持8~10片开展叶，当具2个分枝时保持12~15片展开叶。因此，随着新叶抽生宜随时掰除废叶，掰叶时首先掰除基部黄叶、老叶、病叶，在冬季要掰除贴近地面水平生长的老叶。

②掰芽。在促成栽培时，植株进入旺长后往往会萌发过多侧芽，侧芽多则花茎多，但果子小，植株间拥挤，影响光合作用和通风透光，一般在顶花序抽生前，只留1芽，顶花序抽生后每株苗保留生长健壮、左右伸展的2个侧芽。其余侧芽要及时掰除。

③掰除匍匐茎。随着气温转凉，雨水增多，草莓苗会抽生匍匐茎。因匍匐茎抽生消耗养分，影响顶花芽和侧花芽发育，因此要及时掰除。

（2）覆盖地膜。对于生长健壮苗，可于保温前先覆地膜，覆地膜前应做好除草、松土、清沟、培土、施追肥、铺滴管等工作。覆盖地膜时须注意：一是要在施追肥 10d 后，再覆盖地膜，覆盖过早由于复合肥分解时产生的氨气极易产生肥害；二是覆盖地膜应选黑色，宽 1.2m，这样可将畦边和沟底一起盖住，防生杂草；三是覆盖地膜作业应在晴天的下午进行，此时植株叶和叶柄柔性较好，不易折断，叶面露水已干不易弄脏叶面；四是地膜一定要拉平整，叶片或花序要引出膜面，切忌遗漏。

（3）喷"九二〇"（赤霉素）。保温盖棚前，植株叶片数不足，而且叶面积小的植株，为增加叶数和增大叶面积，可在 10 月上中旬喷"九二〇"。浓度为 5mg/kg。相隔 7 天，喷两次。喷"九二〇"时注意量不能太多，每株 5ml（一背包筒喷 2500 株），喷时不能重复，也不能漏喷。因此，只能单行对准苗心喷。

3. 保温 适时保温是促成栽培的关键技术。保温应掌握在第一腋花芽完成分化后，植株尚未进入休眠前，适宜时间应为 10 月下旬。第二重膜的覆盖时间以 11 月下旬至 12 月初为宜。第二重膜只在夜间覆盖，白天揭开，以利于光合作用。在特殊年份可能二层膜内出现低于 0℃的低温。这时可采用盖三重膜，即大棚膜 + 帐膜 + 小拱棚膜，用小拱棚作二重膜的，则可在小拱棚上盖一层保温物如草帘、遮阳网等，也可再盖一层农膜。

（五）保温至开花前的管理

1. 大棚温、湿度的管理 盖棚初期（7~10d）为增加 0℃以上积温，促进早开花，白天棚内温度保持在 28~30℃，最高不要超过 35℃。当棚内温度超过 30℃时，要及时掀膜换气降温，夜温保持在 10℃以上。7~10d 后，白天棚内温度保持 25℃，最高不超出 30℃，夜温保持在 5℃以上。

盖棚初期由于棚内温度升高，加速了草莓叶片的蒸腾作用和土壤蒸发作用，水蒸气又无法扩散，棚内湿度急速上升至 90% 以上，高温高湿极利于发病，及时掀膜换气不仅可降温，而且可降湿，棚内湿度宜保持在 60%，覆盖地膜（最好畦壁和沟一起盖），沟内铺草均可减少土壤蒸发，能降低湿度。

2. 喷"九二〇" 当第一花穗抽生初期，即见花蕾，未开花时，在晴天喷 10mg/kg"九二〇"，隔 7d 再喷一次。目的在促进花穗伸长和新叶片增大，并防止休眠。章姬、幸香、鬼怒甘等品种，因花茎较长不必喷"九二〇"。

3. 放养蜜蜂 大棚由于冬季温度低、通风差、湿度大，无其他昆虫帮助草莓授粉，造成着果率低、畸形果多，影响产量和质量。因此棚内要放养蜜蜂，一般 30~60m 长的棚放 1 箱，放蜂时间为盖棚后至翌年 3 月底。盖棚后，防病治虫结束，在草莓开花前 10d 将蜂箱放入棚内，蜂箱应放在棚的中间或北端。放蜂后不能喷杀虫剂，若要治虫和烟熏，应将蜂箱搬至棚外，5~6d 后再搬入。

（六）开花后至采收前的管理

1. 温度管理　温度管理分 2 个阶段。

（1）开花期。白天棚内温度控制在 25℃ 以下，相对湿度保持在 60% 以下，以利花粉散飞和授粉。

（2）果实膨大期至采收前。白天棚内温度控制在 23℃ 以下，相对湿度在 60% 以下，夜晚保持在 5℃ 以上，晚上棚内出现 0℃ 以下温度时，应采取在二层膜内，加小拱棚，或小拱棚外盖草帘等措施。

2. 湿度管理　当棚内相对湿度超过 60% 时，应换气降湿，换气不仅能降温也能降湿，具体方法是天晴时，根据外界气温，气温高时可在 8：00 至 10：00 至 14：00 至 15：00，掀起顶膜两侧通气换气，气温高通气孔开大，气温低时，通气孔开小点，气温低时可在中午通气 2h，遇阴雨天，也要坚持每天通气，雨天时可开大棚两端门对流通气。大棚在密闭情况极易发生有害气体危害和生理障碍，前者表现为整个叶片变黑、枯死，后者表现为叶缘变枯黄。

3. 疏花疏果　这一时期继续做好植株整理，但在掰叶时要注意，多保留绿色功能叶，只掰老叶、黄叶（无功能叶）。因为这一时期由于气温低、出叶速度慢、植株正进入果实膨大期，要求有更多的光合作用产物供果实膨大。如掰叶过多，将会影响产量和质量。

这一阶段植株整理另一内容是疏花疏果。丰香第一花序（顶花序）一般有花 16~20 朵，多则可达 25~30 朵，全花的花期长达 1 个月，果实按开花程序一档比一档小。而且高档花常有开花而不结果现象（称无效花）。高档花果子小经济价值不高，在发育过程中要消耗一定养分。为了提高大果的品质和促进第一腋花序抽生，应将无效花果疏除，即第一花序根据植株生长情况，保留 12 只左右果实，应将花器小、果小、畸形果及早疏除。

4. 施肥灌水　当第一花序顶果有姆指大时，并已由青绿色转成黄绿色时，施第三次追肥，促进果实膨大，即用 0.2%~0.3% 不含氯的复合肥液肥、用滴管灌，施肥灌水结合在一起。以后在年内每隔 20 天施一次追肥。3 月后每隔 15 天施一次追肥。并可适量增施氮肥（浓度不能超过 0.2%~0.3%）。

5. 增施叶面肥和二氧化碳（CO_2）　大棚内 CO_2 浓度与光照强度呈负相关，上午光照增加后大棚内 CO_2 浓度降低，从上午 10 时左右至下午 16 时，棚内 CO_2 浓度始终在 3×10^{-4}（300mg/kg）以下。因此，在光照强、温度较高的光合作用旺盛期，如 CO_2 浓度严重亏缺会较大地限制光合作用效率和产量的提高。在大棚促成栽培中增施 CO_2 至关重要。尤其在双重保温促成栽培中，正值冬季最寒冷时期，为了保温增温，大棚一般放风量较小，放风时间短，棚内 CO_2 浓度经常低于大气，增施 CO_2 一般能促进生育转旺，使成熟期提前 1~2 周，并能提高产量，尤其是前期产量的提高，并能提高大果率，改善果实品质。

当土温在 15℃ 以下时，根系吸肥吸水能力减弱，土温 10℃ 以下，肥水均不能吸收。因此，此时除增施 CO_2 外，还要增施叶面肥。

（七）果实采收期的管理

1. 防冻　草莓各器官耐低温顺序是：叶 > 果 > 花。叶 -10℃ 时会冻死，但 -5℃ 时仅变成紫色。果实耐低温顺序是大果 > 中果 > 小果。开花 10d 后小果在 -5℃ 经 1h 或 -2℃ 经 3~5h，停止发育变成黑色。花蕾不耐低温，经 -2℃ 以下低温，直观能看见雌蕊变色，花药变黑。有些花直观看不出，但花粉已受冻，发芽率低、不易受精。防冻除在低温来临前及时覆盖三重膜保温，用电热丝加热御寒，还可在低温来临前喷施 1%~2% 硝酸钾，以提高组织内水的电解质浓度增加抗冻能力。还可夜间在大棚外迎风面闷烧烟堆让烟在大棚上空抵御冷空气下沉。

2. 喷"九二〇"　在低温来临时，植株会出现休眠现象，即花茎、叶柄缩短、叶片变小，一旦出现这种情况，要趁温暖晴天，喷 10mg/kg "九二〇"两次（中间间隔 7d），防止休眠。

（八）3月采收间歇期的管理　3月往往出现采果间歇期，栽培上要抓紧做好下列管理工作，促进春季旺产期。

1. 植株整理　进入 3 月，气温回升，日照时间增长，植株开始复苏生长，新叶、新花茎相继抽生，第一侧花序果实基本采收结束，植株整理重点是：

（1）掰叶、掰匍匐茎：掰除黄叶、老叶，重点改善植株基部的通风透光条件。入春后将是匍匐茎的旺发期，它将消耗大量养分，且发生量多，抽生时间长，因此要随时掰除。

（2）掰花茎：当第一花序采收接近尾声时，要及时掰除已采完果子的或尚余部分小果小花的花茎。这不仅有利植株基部通风透光，更能促进新花序的抽生。

2. 灌水施肥　植株清理后，喷施农药和烟熏剂或熏蒸硫相结合全面防治病虫（将蜂搬出棚外）。然后每亩灌水施追肥 3000kg，加 9~12kg 复合肥；若苗长势弱还可再追施 1kg 尿素。

（九）4~5月采收与管理　4~5月后，草莓进入第二个采果和生长旺季，这时主要管理工作如下。

1. 降温、降湿　随着气温回升，棚内温湿度急速上升，高时可达 40℃ 以上，比棚外高 20℃。倘若 40℃ 以上经过 3h 后，极大部分花粉将丧失其生活能力。因此，要及时采取降温。降温、降湿，除扩大掀膜通气面积外，还可将围膜全部拉起。这样，当下雨时随时可放下，防止雨水进入。

2. "发酵果"预防　4~5月往往由于植株徒长、造成田间郁闭、通风透气差，土壤中水分过多等原因，致使果实着色缓慢，呈橙黄色，果肉成熟过度而发酵带有酒味，这种果称之为"发酵果"俗称"黄胖果"。解决方法有以下几点。

（1）控制施肥。特别是要控制氮肥。

（2）改善田间通风透条件。掰除基部脚叶或用塑料包装带扶起叶片，使果裸露受光，也可以剪除尚未转绿的嫩叶，以增强功能叶的生长。

（3）控制灌水。同时清理棚四周水沟，防止棚内积水。

3."青尖果"预防　4~5月在田间常见果子绝大部已成熟转红，但果尖部仍为青绿色，称之为"青尖果"。发生原因是氮肥过多，或因土壤过分干燥果尖部缺水而发育不良。预防方法是控制施氮肥和及时灌水，以保持土壤湿润。

六、采　收

（一）**分批分期采收**　草莓的一个果穗中各级序果的成熟期不一样，必须分批分期采收。采收初期每隔1~2d采收1次，盛果期坚持每天采收。草莓采收贵在及时，否则，不但过熟会腐烂，还会影响其他未熟果的肥大成熟。

（二）**适时采收**　一天中草莓的采收，应尽可能地在清晨露水已干至午间高温来临之前或傍晚天气转凉时进行。因早晚气温低，果实较硬，宜于贮运，且果梗较脆便于采摘；中午前后往往气温偏高，果实发软果皮易碰伤流汁，影响贮运及商品质量，而且果梗变软会使采收更费工时。露水未干时采收的果实容易腐烂，且不宜长途贮运。

（三）**细收、轻放、分级**　草莓浆果的果皮薄、果肉柔软多汁，极易碰伤。采摘时做到轻拿、轻摘、轻放；不要硬拉，以免拉下果序、果蒂和碰伤果皮，影响草莓产量和果实品质。为便于采收后分级和避免过多倒箱，采收时可分人定级采收或单人采果按上述等级分放。采收时为减少果实堆压损伤应用合适的容器，容器的内壁要光滑、底平，深度较浅，可用浅木箱、浅塑料箱、搪瓷盆等，不要使用塑料水桶、大而深的竹篮及箩筐等过深的容器。果实采后应立即置于荫凉通风处，并分级包装。将来有条件时，可用专用采收器采后放入15℃的冷库进行预冷，提高果实硬度后再分级包装。

复习思考题
1.草莓有哪些优良品种？
2.草莓怎样进行育苗？
3.草莓有哪些高产高效栽培技术？

第七节 甜瓜栽培知识

一、品种类型及良种

甜瓜一般分薄皮甜瓜和厚皮甜瓜两种类型。

(一)薄皮甜瓜

1. 黄金瓜　早熟种，果实先端较大，呈短圆筒形，顶端稍大，单果重0.4kg，皮金黄色，表面光滑，近脐处有不明显浅沟，脐小，皮薄。肉厚2cm，白色，质脆而甜，含可溶性固形物7.3%～11.2%，品质中上，耐贮藏，种子小，白色，千粒重13.9g。

2. 华南108　中熟种，孙蔓结瓜，果实梨形，纵径约8cm，横径7～8cm，单瓜重0.5～0.7kg。果皮黄白微带绿色，果脐大，脐部有十条浅沟，外形整齐，光滑美观，果肉厚1.7cm，白色质脆，具浓香，含可溶性固形物15%，品质上等，果皮较厚，耐贮藏运输。

(二)厚皮甜瓜

1. 黄蛋子　早熟种，果实圆球形，单瓜重0.57～1.0kg。果皮无网纹，底色黄白，覆金黄色斑块和少量绿斑，皮厚约7mm，果肉白色，厚约2.5～3.0cm，肉质较紧凑，浓香，含可溶性固形物10%～13%，胎座微黄，种子黄白，长椭圆形，种子千粒重55g，丰产，耐贮运。

2. 新世纪　从台湾省引入。果实橄榄形至椭圆形，微有清肋，成熟时果皮淡黄绿色，有稀疏网纹，单果重1.5kg左右，大的可达3kg以上。果肉厚，肉色淡橙，肉质特别脆嫩，糖度14°左右。果硬，果梗不易脱落。

(三)洋香瓜

1. 伊丽莎白　早熟，果实圆球形，果表光滑，鲜黄色，有浓郁香味，单瓜重0.6～0.8kg，果肉厚2.5～3.5cm，含可溶性固形物12%以上。

2. 西薄洛托　果实圆形，单果重1.0～1.5kg，果皮白色，果肉肥厚，味香甜，低温生长性好。

二、选地和整地

(一)选地　甜瓜根系比较发达，耐旱不耐湿，尤其是厚皮甜瓜。因此，种植甜瓜的地块必须排水良好，有良好的灌溉条件。从土质条件来看，以土层深厚的沙质壤土最为适宜，不仅土壤的通透条件好，有利于根系的发育，而且早春地温上升快，对甜瓜生长有利。

（二）**整地**　有条件的应做到冬、春2次耕翻。首先是在秋作物收获后抓紧耕翻晒垡，以利土壤风化和冬季蓄水养墒。开春以后，再次耕翻耙耢，搞好保墒。种植前在施好底肥的基础上做畦铺膜。不同的栽培方式对做畦的要求不一样，一般说来，在甜瓜的栽培中，起垄和做小高畦的比较多，一方面有利于灌溉和排水，防止由于浇水淹瓜和玷污瓜；另一方面是对早熟栽培的更有利于提高地温。

三、育苗与定植

薄皮甜瓜大都露地种植，近几年也有进行小拱棚春季早熟栽培、获得了很好的经济效益。厚皮甜瓜多春、秋季棚室栽培，以早熟栽培为主。

（一）**育苗**　甜瓜为喜温作物，幼苗生长需要较高的温度，所以，春季保护地栽培的播种时间，以保护设施的条件而定。日光温室、塑料大棚，一般于12月下旬至1月下旬育苗，中小拱棚栽培的多于2月上旬育苗，中小拱棚栽培的于2月上旬育苗。一般苗龄35~40d。

播种前先进行浸种催芽。冬季育苗应在棚室的育苗床上进行，晚上加盖薄膜保温。春季育苗可在阳畦或拱棚内进行，晚上加盖草苫保温。延迟栽培的厚皮甜瓜是利用日光温室的拱圆大棚进行延迟栽培，可于7月上旬到7月下旬露地育苗。

播种前在育苗床或育苗盘、营养钵中填入充分腐熟的由有机肥和磷钾肥料配成的营养土或专用的育苗基质。然后浇透底水，在早春气温稳定在15℃以上时播种。播后覆土1~1.5cm。早春育苗时，播后出苗前，白天保温28~32℃，夜间不低于17℃，出苗后可适当降低温度，白天保持在22~25℃，夜间15℃。育苗后期应降低温度，停止浇水锻炼幼苗，促根生长，如有寒流，要注意保温防冻。夏季育苗时正值炎热多雨季节，播种后，应在畦上搭起拱架降雨时加盖薄膜，防雨冲泡，防止幼苗徒长。

（二）**定植**　甜瓜适宜苗龄30~35d。幼苗生长到3叶1心时为适宜定植期，甜瓜根群吸收能力强。以土层厚土质肥的疏松沙地上最好，甜瓜较耐盐碱，在轻碱地上也能生长。

甜瓜生长发育吸收的营养比较全面，其氮、磷、钾比例为2:1:3.7。定植前每亩应施入腐熟有机肥4000~5000kg或三元复合肥100kg作基肥。施肥后深翻土地30cm，耙细整平后起垄或做畦，大棚栽培多做高垄。一般按小行60~70cm，大行80~90cm的距离作垄。拱园棚栽培可做半高垄或平畦栽培，先将2/3的肥料撒施后耕翻土地，按小畦宽60cm，大畦宽170cm做畦。小畦内施入留下的1/3肥料，土肥混匀后耙平畦面。定植时，在垄表面或小畦内开沟栽苗、浇水、覆土、盖地膜。大瓜品种每亩栽1500~1800株，小型品种 2000 株左右。

薄皮甜瓜多平地爬蔓生长，一般每亩栽 900~1000 株左右。

四、高产高效栽培技术

（一）浇水追肥　早春棚室内栽培甜瓜，在定植时气温低，水分蒸发少，在浇过定植水后应注意保温，控制浇水。缓苗后分次中耕划锄，并喷天达 2116 壮苗灵 600 倍液，促进幼苗健壮生长。到伸蔓期，可结合浇水追施一次含氮量较高的三元素肥料，瓜的膨大期也可每亩施硫酸钾 10kg。生长期内可叶面喷施 0.2% 磷酸二氢钾 2~3 次。甜瓜为忌氯作物，不应大量施用含氯的复合肥料。

（二）整枝摘心吊蔓　甜瓜的分枝性很强，大多品种以子蔓和孙蔓结瓜为主，因此，一般在瓜苗长到 4~5 片真叶时进行摘心，促进侧枝生长。幼瓜坐住后，再对子蔓摘心，促进养分向幼瓜输送，促幼瓜膨大。

甜瓜整枝方式，可根据不同品种的结瓜习性进行，一般棚室栽培的厚皮甜瓜多用单蔓或双蔓整枝。单蔓整枝是在主蔓 4~5 片真叶时摘心，在基部留一健壮子蔓，其余子蔓全部摘除。留子蔓第 7~11 节上长出的孙蔓结瓜后，瓜前留 1~2 片叶摘心。待子蔓生长到 25~30 叶时也摘心，不结瓜的孙蔓的全部摘除。薄皮甜瓜一般在秧苗长到 5 片真叶时摘心，留 4 个侧蔓，长出孙蔓后，在孙蔓上留花留瓜。在孙蔓的瓜前留 3~4 叶摘心。一般每株留瓜 4~6 个，坐瓜后任其生长不再整枝。

棚室栽培的甜瓜一般以支蔓或吊蔓栽培。双蔓整枝即在主蔓 3~4 叶摘心选留两条健壮的子蔓，在子蔓中部第 11~12 节选花留瓜。当茎蔓长到 50~60cm 时，开始支架绑蔓或用尼龙绳、麻绳牵引，让瓜蔓攀缘向上生长。

（三）人工授粉、吊瓜　甜瓜为雌雄同株异花作物，大部分品种为雌雄两性花，以昆虫传粉为主。在早春气温低、昆虫少时，棚室内栽培的一般要进行人工授粉。授粉后挂牌标明日期，以确定采收时期。一般在授粉后一周左右，幼瓜长到鸡蛋大小时选瓜留瓜。除去多余的花和幼瓜。幼瓜长到拳头大小时，要进行吊瓜，用塑料绳或尼龙绳一头拴住瓜柄，或用草圈垫在幼瓜下部，或用塑料网兜吊起，挂在支架或室内横架子的铁丝上。

五、采　收

应根据不同品种特性和授粉日期确定瓜的成熟度。也可根据瓜皮颜色的变化，天气的变化，判断采收期，切勿采摘生瓜上市。摘瓜适宜在早上或傍晚进行，最好用剪刀将果柄连同一段秧蔓剪下，以利于贮存和运输。对于一些在瓜成熟时，瓜蒂易脱落的品种和成熟后瓜肉易变软的品种，可适当早采摘。

复习思考题

1.甜瓜有哪些优良品种?

2.甜瓜怎样进行育苗与定植?

3.甜瓜有哪些高产高效栽培技术?

第三部分　技能操作

第一章　初级工技能操作要求

第一节　苗圃建立

一、苗床准备

（一）苗床制作　苗床制作是培育壮苗的基础。在制作苗床前先要进行苗床地耕整。一般在前茬作物收获后，浅耕翻地灭茬、平整；也可以在冬季进行深耕，熟化土壤，消灭部分病原物、害虫和杂草的繁殖体；第二年春季做畦前再进行浅耕细耙，平整地面，达到上虚下实，就可以做畦。

1. 全基质型苗床（无土苗床）　底层用水泥制作或用塑料薄膜与土壤隔开，其上先铺厚度10~15cm的碎石（或石子），石子上再铺一层10~15cm厚的粗沙（或珍珠岩与粗沙各半，或珍珠岩、粗沙、草泥炭各1/3）。为了便于操作，苗床宽度一般为100~130cm，长度根据具体田块而定。

全基质型苗床的优点：一是与土壤隔离，土壤中的微生物不会侵染、危害植物插穗；二是透水透气性很好，不会因水分过多而窒息；三是以无机物为主，微生物难以藏身，消毒容易彻底；四是苗床可以反复使用，每年能在同一张苗床上育苗5~8批。

2. 免移栽薄基质苗床　直接在土壤上面铺上4cm左右的粗沙，插穗插入粗沙之中，在粗沙透气的环境中生根后向下面的土层中深扎。

免移栽薄基质苗床的优点：一是节省材料；二是插穗生根后可以不用急着移栽，让它在有土的条件下生长，直到休眠期安全地移栽出圃。缺点是：由于与土壤接触，微生物较多，要注意经常消毒。

3.容器式育苗　采用穴盘或育苗杯，在其中放入基质（一般珍珠岩、蛭石、泥炭各1/3），插穗直接插入基质，待生根后进行无土栽培，成苗后连容器销售。

容器式育苗的优点：一是基质一次使用，不会有病菌累积；二是容器苗是国际标准化栽培的趋势；三是容器苗打破了苗木销售、移栽的季节，随时可以销售，随时可以远距离运输移栽。

（二）果苗对环境的要求　果苗地的环境条件，包括土壤、pH值、灌水条件、施肥水平等，都对优质果苗的繁育有重要的影响。

1.地点和地势　育苗地宜选择在发展果树生产的中心地区，交通方便，附近无果树重要病虫害的中间寄主树木和作物，避免与排放有害气体和污水的厂矿毗邻。

育苗地宜开阔平垣，背风向阳，日照良好，有利于排灌水。常年地下水位宜在1~1.5m以下。低洼谷地不宜选做育苗地。

2.土壤和水源　育苗地的土壤以土层深厚、土质肥沃的沙壤土、壤土、轻黏壤土为宜。因其理化性质好，适于土壤微生物的活动，对种子发芽、幼苗生长都有利，根系发达，苗木健壮。对于质地偏黏的土壤要培土掺沙，质地偏沙的掏沙换土，盐碱地要排水洗碱，并大量使用有机肥。

土壤酸碱度以中性至微酸性（即pH值5.0~7.8）为宜。pH值7.8以上的土壤，苗木易发生缺铁失绿，严重时会枯衰死亡；氯化钠含量0.2%以下，碳酸钙含量0.2%的土壤，砧木可以正常生长；碳酸钙含量高于0.2%时，苗木生长不良；一般来说，苹果适合酸碱度不高不低的土壤，梨喜欢微酸性的土壤，葡萄等较耐盐碱。

整个育苗过程中，均需保证适时、适量地灌水。因此，育苗地需配备有充足而便于灌溉的水源。在进行绿枝扦插、嫩枝嫁接时，也需有充足水源，以便进行弥雾喷雾。缺水会造成苗木或种子停止生长而枯死，水分过多会造成烂根现象。

二、种子采集

（一）种子的品质　种子是果树栽培的最基础材料，优良种子是果树栽培成功的重要保证，品质恶劣的种子常致生产失败。果树生产中选用的种子应具备以下特征。

（1）颗粒饱满，发育充实。外形粒大而饱满，有光泽，重量足，种胚发育健全，充实而粒大的种子所含养分较多，具有较高的发芽势和发芽率。

（2）发芽率高，富有活力。新采收的种子，其发芽率及发芽势均较高，所长出的幼苗，多半生长健壮。陈旧的种子，发芽率及发芽势均较低。

（3）品种纯正。果树种子形状各异，有球形、卵形、椭圆形、肾形、扁平形等，通过种子的形状可以确认品种。另外，在种子采收、去杂、晾干、装袋贮藏整个过程中，应标明品种、处理方法、采收日期、贮藏温度、贮藏地点等，以确保品种正确无误。

（4）纯洁、纯净。果树种子中，常混入植株器官的碎片，如核、叶、果皮以及石块尘土、杂草等，这样在播种时就不易算出确实的播种量；如混入杂草种子时，不仅增加除草工作，而且外来种子还带有引入新杂草种子的危险。

（5）无病虫害。种子是传播病害及虫害的重要媒介，种子上常附有各种病菌及虫卵，贮藏前要杀菌消毒，检验检疫，不能通过种子传播病虫害。

（二）种子的采集　采集各种果树种子，必须等到籽粒充分成熟后才能采收。对于大粒种子，可在果实开裂时立即自植株上收集或脱落后立即由地面上收集，但对于小粒、易于开裂的干果类种子，一经脱落则不易采集，且易遭鸟虫啄食，或因不能及时干燥而易在植株上萌发，从而导致品质下降。生产上一般在果实开裂时于清晨空气湿度较大时采集。同一植株上选择早开花枝条所结的种子，其中以生在主干枝或主枝上的种子为好，对于晚开的花朵及柔弱侧枝上花朵所结的种子，一般不宜留种。

（三）种子的处理　种子采集后，往往带有一些杂质，如果皮、果肉等，不易贮藏，必须经过干燥、脱粒、净种、分级等工序，才能符合贮藏、运输、商品化的要求。

对于干果类的种子可用干燥脱粒法获得，对采集的干果用人工干燥法和自然干燥法获取种子。对于肉质类的种子，因果肉中含有较多的果胶及糖类，容易腐烂，滋生霉菌，并加深种子的休眠，可采用清水浸泡数日，用木棒冲捣使之与果肉分离，洗净后取出种子，阴干即可。

种子经过净种处理后，应按种子的大小或轻重进行分级，分级用不同孔径的筛子进行筛选分级。对于同一批种子，种子越饱满，出苗率越高，幼苗就越健壮，且出苗整齐。

第二节　果苗培育

一、实生苗培育

实生苗系指直接由种子繁殖的苗木。它包括播种苗、野生实生苗以及用上述两种苗木经移植的移植苗等。但果树用实生苗繁殖时，由于后代个体间性状分离，不能获得品质一致的产品，加之实生苗果树的童期较长，进入结果期较晚，现只有后代性状比较稳定的少数种类如番木瓜、榛、板栗、核桃和一些柑橘类果树仍直接利用实生苗，嫁接所用的砧木，也大多利用各自近缘种的实生苗。

（一）种子的采集与贮藏　培育健壮、整齐的实生苗，须选择优良的母本树，适时采收充分成熟的种子。贮藏期中的种子含水量不能高于 12%，温度以保持 5℃左右为宜。有些不适于干燥贮藏的种子如板栗、荔枝、柑橘等宜在湿沙中低温贮藏。

（二）播种

1.播种时期　播种分冬播与春播 2 个时期。

冬播在秋末冬初进行，一般为 11~12 月。冬播种子能在田间完成后熟，翌春发芽早、出苗齐、扎根深、幼苗健壮、抗病性强。冬播还可省去沙藏、催芽等工序，播期较长，便于劳力安排。

春播一般在 2~3 月进行。塑料拱棚、日光温室育苗播种时间比露地依次提前。为了增加苗木前期生长量，使其出苗早，生长快，当年能够达到嫁接标准，春播宜早不宜迟，要抢墒播种，尽量缩短播种时间。

2.整地施肥　首先耕翻整平土地，除去影响种子发芽的杂草、残根、石块等障碍物。耕翻深度以 25~30cm 为宜。土地整平之后作畦或垄。多雨地区、地势底的田块宜作高畦，干旱地区宜作低畦或平畦。畦宽 1~1.5m，长度以便于管理为原则，一般 10m 左右，畦埂 30cm，畦面应耕平整细。畦的四周开 25cm 深的沟，以便灌溉和排水防涝。

基肥最好在整地前施入，亦可作畦后施入畦内，翻入土壤。每亩施有机肥 2500~5000kg，过磷酸钙 25kg，草木灰 25kg，亦可用复合肥和果树专用肥。

3.播种方式

（1）点播。点播主要用于大粒种子。大粒种子点播育苗，一般畦宽 1m，每畦播 2~3 行，行距 30~50cm，株距 15cm。播种时先开沟或开穴，灌透水，待水渗下后放种，再覆土整平。容器育苗时，小粒种子也多采用点播。优点是苗木分布均匀、生长快、质量好，但单位面积产苗少。

（2）撒播。育苗前先做好苗床，床宽 1~1.2m、长 5~10m、深 20cm，东西向设置。床底铲平、压实，撒一层草木灰，铺 10cm 厚的培养土，用木板刮平，并轻微镇压。播种之前，将层积的种子筛去沙子，浸种催芽，有 50% 以上露白时即可播种。先用水灌足苗床，待水下渗后，将种子均匀地撒播在床面。种子撒播之后，覆盖 1cm 厚的培养土或湿沙。然后在苗床上搭塑料小拱棚，保湿增温，促进出苗。

（3）条播。播种时先开沟，将种子均匀地撒在沟内，每畦 2~4 行，行距小粒种子 20~30cm，大粒种子 30cm，边行距畦埂至少 10cm。灌透水，待水渗下后撒种，再覆土整平，最后盖上覆盖物或细沙。条播通常采用宽窄行播种，一般仁果类宽行 50cm，窄行 25cm，1m 宽的畦播 4 行为宜；核果类宽行 60cm，窄行 30cm，畦宽 1.2m 为宜。

（三）播种后的管理

1. 出苗前的水分管理　种子萌发出土和幼苗期需要足够的水分供应，播种地必须保持湿润，如果土壤缺墒，就会对幼苗出土造成影响。种子萌发出土前后，忌大水漫灌，尤其播种较浅的中小粒种子，以免冲刷，造成播行混乱，覆土厚度不匀，地表板结，出苗困难。

如果需要灌水，以渗灌、滴灌和喷灌方式为好。无条件者可用洒壶或喷雾器喷水。

2. 出苗后的肥料管理　苗木在生长期结合灌水进行土壤追肥 1~2 次。第一次追肥在 5~6 月，每亩施用尿素 8~10kg；第二次追肥在 7 月上、中旬，每亩施用复合肥 10~15kg。

除土壤追肥外，结合防治病虫喷药进行叶面喷肥，生长前期喷 0.3%~0.5% 的尿素；8 月中旬以后喷 0.5% 的磷酸二氢钾。或交替使用有机腐殖酸液肥、氨基酸复合肥等。叶面喷肥 7~10 天进行 1 次，尿素、微肥等叶面肥料交替使用。

3. 间苗与移苗　间苗、定苗在幼苗长到 2~3 片真叶时进行。做到早间苗，分期间苗，适时定苗，合理定苗，保证苗全苗壮。定苗距离，小粒种子 10cm，大粒种子 15~20cm。

移栽前 2~3d 灌水一次，移栽时带土容易成活。移栽最好在阴天或傍晚进行，栽后要立即灌水。首先补齐缺苗断垄的地方，然后将多余的苗栽入空地。

4. 病虫害防治　幼苗期应注意立枯病、白粉病与地老虎、蛴螬、蝼蛄、金针虫、蚜虫等主要病虫害的防治。

5. 断根　在留床苗苗高 10~20cm 时进行，离苗 10cm 左右倾斜 45°角斜插下锹，将主根截断促发侧根，而移栽苗移栽时即可切断主根。

二、自根苗培育

根系由自身体细胞产生的苗木叫自根苗，亦称无性系苗或营养系苗。自根苗可用扦插、压条、分株和组织培养等方法繁殖。自根苗可以直接作为果苗栽植（如葡萄、石榴、枣等），也可作为嫁接苗的砧木，特别是一些难以得到种子或种子育苗困难的果树，繁育自根苗更为重要。

（一）扦插繁殖　根据所用器官的不同，扦插可分为根插、枝插和芽（叶）插。

根据枝条成熟程度枝插分为硬枝扦插和绿枝扦插。

1.硬枝扦插　利用充分成熟的1~2年生枝条进行扦插称硬枝扦插。硬枝扦插一般在休眠期进行，以春季为主，主要用于葡萄、石榴和无花果等果树的繁殖。

（1）插条的采集与贮藏。落叶果树硬枝扦插使用的插条在休眠期采集，一般结合冬季修剪进行，也可在春季萌芽前。葡萄须在伤流前采集。在生长健壮，结果良好的幼年母树上，选发育充实、芽体饱满、无病虫害的1年生营养枝。采集到的枝条应分品种、粗度、按50~100cm长度剪截，50~100根捆成1捆，拴挂标签，注明品种、数量和采集日期。

插条一般采用沟藏或窖藏。贮藏沟深80~100cm、宽100cm左右、长度依插条数量而定。插条在贮藏沟内要横向与湿沙分层相间摆放。沟底部平铺1层湿沙，最上面盖20~40cm的土防寒。贮藏期间注意检查沙的温度与湿度。在室内或窖内贮藏，通常将插条半截插埋于湿沙、湿锯末或泥炭中，贮藏期温度保持1~5℃为宜，湿度10％。

（2）扦插时间。硬枝扦插时间应在春季发芽前进行，以15~20cm土层温度达10℃以上为宜。催根处理在露地扦插前20~25d进行。

（3）插条处理。扦插前将冬藏后的插条先用清水浸泡1d，使其充分吸水。然后剪成长约20cm、带有1~4个饱满芽的枝段。节间长的树种，如葡萄留单芽或双芽即可。插条上端剪口在芽上距芽尖0.5~1cm处剪平，下端在芽下0.5~1cm处剪成马耳形斜面。剪口要平滑，以利于愈合。对于生根较难的树种和品种，在扦插前20~25d进行催根处理。常用催根方法有以下几种。

①机械损伤。对插条进行刻伤、剥皮等处理，人为地造成伤痕。方法是加大插条下端斜面伤口，并在伤口背面和上部纵刻3~5条，5~6cm长的伤口，深达形成层，以见到绿皮为度。也可在枝条脱离母体前，在剪截处进行环剥、刻伤或绞缢等处理，使营养物质和生长素在伤口部位积累，有利扦插发根。

②加温处理。春季扦插，常因土温不够而影响生根，生产上常用的增温催根方式有温床、电热加温或火坑等。

在热源之上铺一层湿沙或锯末，厚度3~5cm，将插条下端整齐，捆成小捆，直立埋入铺垫基质之中，捆间用湿沙或锯末填充，顶芽外露。插条基部温度保持在20~28℃，气温控制在8~10℃以下。为保持湿度要经常喷水。这样可使根原体迅速分生，而芽则受气温的限制延缓萌发。经3~4周生根后，在萌芽前定植于苗圃。

③激素处理。对于不易生根的树种、品种，采用人工合成的生长激素处

理插条，有利于生根。常用的植物生长激素有 2，4-D、α-萘乙酸（NAA）、β-吲哚丁酸（IBA）、β-吲哚乙酸（IAA）、ABT生根粉等。处理方法有液剂浸渍和粉剂蘸沾。

（4）整地做畦。扦插前必须细致整地。施足基肥，喷撒防治病虫的药剂，深耕细耙。根据地势作成高畦或平畦，畦宽1m，扦插2~3行，株距15cm。土壤黏重，湿度大可以起垄扦插，行距60cm，株距10~15cm。

（5）扦插方法。扦插方法有直插和斜插。单芽和较短插条直插，多芽和较长插条斜插。扦插时，按行距开沟，将插条倾斜摆放或直接插入土中，顶端侧芽向上，填土踏实，上芽与地面持平。为防止干旱对插条产生的不良影响，插后培土2cm左右，覆盖顶芽，芽萌发时扒开覆土。

（6）插后管理。发芽前要保持一定的温度和湿度。土壤缺墒时，应适当灌水。灌溉或下雨后，应即时松土、除草。成活后一般只保留1个新梢，其余及时抹去。生长期追肥1~2次，加强叶面喷肥，注意防治病虫，促进幼苗旺盛生长。新梢长到一定高度进行摘心，使其充实，提高苗木质量。

2. 绿枝扦插 绿枝扦插又称嫩枝扦插，是利用当年生半木质化的新梢在生长期进行扦插。对生根较难的树种（如山楂、猕猴桃等），或硬枝扦插材料不足时，可采用绿枝扦插，效果较好。

（1）扦插时间。扦插在生长季进行，时间要适宜。过早枝条幼嫩，不易成活；过迟生根不好，遇高温季节成活率低，且新梢生长期短，成熟度差。原则上要保证插活后，当年形成一段成熟的枝。因此，时间尽量要早。

（2）插条采集。选生长健壮的幼年母树，于早晨或阴天枝条含水量较高时采集。应采当年生尚未木质化或半木质化的粗壮枝条。随采随用，不宜久置。

（3）插条处理。将采下的嫩枝剪成长5~20cm的枝段，上剪口于芽上1cm左右处剪截，剪口平滑；下剪口稍斜或剪平，在芽的下方，保留新梢上部1~3片叶，并减去1/2叶面积，以便光合作用的进行，制造养分和生长素，保证生根、发芽和生长使用。插条下端可用β-吲哚丁酸（IBA）、β-吲哚乙酸（IAA）、ABT生根粉等激素处理，使用浓度一般为5~25mg/kg，浸12~24h，以利成活。

（4）扦插方法。绿枝扦插宜用河沙、蛭石等通透性能好的材料作基质。一般先在温室或塑料大棚等处集中培养生根，然后移至大田继续培育。将插条按一定的株行距插入整好的苗床内，应适当密插，有利于保持苗床的小气候。采用直插，宜浅不宜深（插入部分约为穗长的1/3）。插后要灌足水，使插条和基质充分接触。

（5）插后管理。扦插后注意光照和湿度的控制，勤喷水或浇水，保持空气湿度达到饱和，勿使叶片萎蔫。生根后逐渐增加光照，温度过高时喷水降温，及时排除多余水分。

3. **根插** 凡根上能形成不定芽、易生根蘖的树种都可采用根插育苗。如山楂、苹果、梨、枣、柿、李等。根插繁殖主要用于培养砧木。

繁殖材料可结合秋季掘苗和移栽时收集，或者搜集野生和深翻果园挖断的根系。选粗度 0.3~1.5cm 的根，剪成长 10cm 左右的根段，并带有须根。上口剪平，下口剪斜。秋冬季采集的根段需沙藏保存，春采的可直接扦插。根段直插或斜插均可，但应防止上下颠倒，若根段倒插，不利于成活。

根插的时间、方法和插后管理等与硬枝扦插基本相同。但根的抗逆性较弱，要注意防寒、防旱。

4. **扦插苗管理** 发芽前要保持一定的温度和湿度，防止土壤板结。成活后一般只保留 1 个新梢，其余及时抹去。新梢长到一定高度进行摘心，使其充实。另外，要加强综合管理。

绿枝扦插苗要注意锻炼，促进新梢成熟。

（二）压条繁殖 压条繁殖多用于扦插生根困难的树种。压条繁殖有地面压条和空中压条之分，地面压条又分直立压条、水平压条和曲枝压条等。

1. **直立压条** 直立压条主要用于发枝力强，枝条硬度较大的树种，如苹果和梨的矮化砧、石榴、樱桃、李和无花果等果树。方法是，冬季或早春萌芽前，将母株枝条距地面 15cm 左右（二次枝仅留基部 2cm）剪断，施肥灌水，促其萌发新梢。待新梢长到 20cm 以上时，在新梢基部纵伤或环割，深达木质部。然后进行第 1 次培土，促进生根。培土高度 8~10cm，宽约 25cm。新梢长至 40cm 左右时，进行第 2 次培土，两次培土总高约 30cm，宽 40cm，踏实。每次培土前先行灌水，保持土壤湿润，以利生根。一般 20d 后开始生根。冬前或翌春扒开土堆，不要碰伤根系，把新生植株从基部剪下（与母体脱离），即成为压条苗。剪完后对母株立即覆土，以防受冻或风干。

2. **水平压条** 水平压条用于枝条揉软、扦插生根较难的树种。如苹果矮化砧、葡萄等。主要在萌芽前进行，有的树种如葡萄可在生长期作绿枝水平压条。方法是，选择母株上离地面较近的枝条，剪去梢部不充实部分。然后顺枝条着生方位开放射状沟，沟深 5~10cm，将枝条水平压入沟中，用枝杈固定。待各节上的芽萌发，新梢长至 20~25cm，基部半木质化时，在节上刻伤。随新梢增高分次培土，使每一节位发生新根，秋季落叶后挖起，分节剪断移栽。新梢长至 15~20cm、基部半木质化时再培土 10cm 左右。1 个月后再次培土，管理方法同直立压条。年末将基部生根的小苗，自水平枝上剪下即成压条苗，保留靠近母枝的 1~2 株小苗，供翌年重复压条。

3. **曲枝压条** 曲枝压条多在春季萌芽前进行，也可在生长季新梢半木质化时进行。在压条植株上，选择靠近地面 1~2 年生枝条，在其附近挖深、宽各为 15~20cm 的沟穴，穴与母株的距离以枝条的中下部能弯曲压入穴内为宜。然后将枝条弯曲向下，靠在穴底，用钩状物固定，并在弯曲处环剥。枝条顶部露出穴外。在枝条弯曲部分压土填平，使枝条入土部分生根，露在地面部分萌发新梢。秋末冬初将生根枝条与母株剪截分离。

4. 空中压条　空中压条适用于木质较硬而不易弯曲、部位较高而不易埋土的枝条，以及扦插生根较难的珍贵树种的繁殖。空中压条在整个生长季都可进行，而以春季 4~5 月间为宜。选择健壮直立的 1~3 年枝，在其基部 5~6cm 处纵刻或环剥（剥口宽约 2cm），在伤口处涂抹生长素或生根粉，3~4d 后用塑料布或其他防水材料，卷成筒套在刻伤部位。先将套筒下端绑紧，筒内装入松软的保湿生根材料（如苔藓、锯末、沙质壤土等），适量灌水，然后将套筒上端绑紧。注意经常检查，补充水分保持湿润。一般压后 2~3 个月即可长出大量新根。生根后连同基质切离母体，假植于荫棚等设施内，待根系强大后定植。

（三）分株繁殖　分株繁殖时，应选择优质、丰产、生长健壮的植株作为母株，雌雄异株的树种，应选用雌株。分株时，尽量少伤母株根系，加强肥水管理，合理疏留根蘖幼苗，以促进母株健旺生长，保证分株苗的质量。

1. **根蘖繁殖法**　根蘖繁殖法适于根部易发生根蘖的果树，如山楂、枣、樱桃、李、石榴、树莓、醋栗、杜梨和海棠等。一般利用自然根蘖，在休眠期分离栽植。为促使多发根蘖，可进行人工处理，即在休眠期或萌芽前，将母株树冠外围部分骨干根切断或刻伤，生长期加强肥水管理，促使根蘖苗多发、旺长，到秋季或翌春分离归圃培养。按行距 70~80cm、株距 7~8cm 栽植，栽后苗干截留 20cm，进行精细管理，新栽幼苗将继续发生萌蘖，其中一些可进行嫁接，不够嫁接标准的，次春再度分株移栽，继续繁殖砧苗，每株幼苗当年可再发生 1~2 株砧苗。

2. **匍匐茎繁殖法**　匍匐茎繁殖法指草莓的匍匐茎，在偶数节上发生叶簇和芽，下部生根接地扎入土中，长成幼苗，夏末秋初将幼苗与母株切断挖出，即可栽植。

3. **新茎、根状茎分株法**　草莓浆果采收后，当地上部有新叶抽出，地下部有新根生长时，整株挖出，将 1~2 年生的根状茎、新茎、新茎分枝逐个分离成为单株，即可定植。

三、嫁接苗培育

嫁接苗是指某一品种的枝或芽接到另一植株的枝干或根上，接口愈合后长成的苗木。用作嫁接的枝与芽称为接穗与接芽，承受接穗或接芽的部分称砧木。

（一）培育砧木苗

1. **砧木类型**　砧木可以是整株果树，也可以是树体的根段或枝段。

（1）按繁殖方法分，实生繁殖的叫实生砧；自根繁殖的叫自根砧或无性系砧木。

（2）按来源分，把利用野生近缘植物或半栽培种的材料为砧木的，称为野生砧或半野生砧；利用栽培品种实生苗为砧木的称为共砧或本砧。

（3）按对接穗的影响分，把能使树体生长高大、矮化与居中的砧木，分别叫做乔化砧、矮化砧和半矮化砧。

（4）按利用方式分，把连同根系用作砧木的，称为基砧；只用一段枝条嵌在基砧与接穗之间的称为中间砧。如果中间砧为矮化砧，则称为矮化中间砧。

（5）按抗性和适应性分，对不良环境条件或某些病虫害具有良好适应能力或抵抗能力的砧木，称为抗性砧木，如抗寒砧木、抗根瘤蚜砧木、抗线虫砧木等。

2. **砧木选用**　果树砧木种类很多，各地又有各自适宜的树种。选择砧木应考虑与栽培品种有良好的嫁接亲和力，对接穗的生长结果有良好的影响；对栽培地区的环境条件有良好的适应性，对病虫害抵抗力强；种苗来源丰富，且容易繁殖；具有特殊需要的性状，如乔化、矮化等；根系发达，固地性好。

3. **种子采集**　采集的种子要求品种纯正，类型一致，无病虫害，充分成熟，籽粒饱满，无混杂。采集必须做好以下几点。

（1）选择母树。采种母本树应为成年树，要求品种、类型纯正，适应当地条件，生长健壮，性状优良，无病虫害，种子饱满。采种母树的选择，最好在采种母本园内进行。没有母本园的，在野生母树林或散生母树中选择。

（2）适时采收。判断种子是否成熟，应根据果实和种子的外部形态来确定。若果实达到应有的成熟色泽，种仁充实饱满，种皮颜色深而富有光泽，说明种子已经成熟。

（3）取种。种实采收后应立即进行处理，果实无利用价值的多用堆沤取种。果肉能利用的可结合加工过程取种。

4. **种子的调制**　大多数果树种子取出后，需要适当干燥，方可贮藏。通常将种子薄摊于阴凉通风处晾干。限于场所或阴天时，亦可人工干燥。种子晾干后进行精选，除去杂物、病虫粒、畸形粒、破粒、烂粒，使种子纯度达95％以上。大粒种子（核桃、板栗等）用人工挑选；小粒种子利用风选、筛选、水选等方法。

5. **播种**　种子播种前，需对种子质量进行检验，以确定种子的质量和播种量。播种前对种子进行浸种催芽处理。做好苗圃地的土壤处理、施入基肥、整地作畦等任务。

播种时期一般分冬播与春播两个时期。播种量可根据树种、当地条件、播种方法、株行距等确定，大粒种子播种量大，小粒种子播种量小；种子纯度高、发芽率高，播种量小；撒播用量多，点播则少。

播种方式有大田直播和苗床密播两种。

播种方法主要有撒播、点播和条播三种。出苗后做好间苗、定苗等工作。

（二）准备接穗

1.接穗选择 接穗要选择品种纯正、发育健壮、丰产、稳产、优质、无检疫对象和无病毒病害的成年植株做采穗母树。一般剪取树冠外围生长充实、光洁、芽体饱满的发育枝或结果母枝做接穗，以枝条中段为宜。

春季嫁接一般多用1年生枝条，也可用越年生枝条；秋季嫁接选用当年生长充实的春梢作接穗。无母本园时，应从经过鉴定的优良品种成年树上采取。

2.接穗采集 落叶果树春季嫁接用的一年生枝，宜在休眠期剪取；秋季嫁接用的接穗，多随用随采。常绿果树如柑橘应随采随用，宜在清晨或傍晚枝内含水量比较充足时剪取。剪去枝条上下两端芽眼不饱满的枝段，每50~100根成束，标明品种名称，存放备用。生长期的接穗采下后立即剪去叶片，留下与芽相连的一小段叶柄，用湿布等包裹保湿。为防止病虫害的传播，应对接穗进行消毒。

（三）嫁接

1.嫁接时期 大多数果树可在以下两个时期进行嫁接。

（1）春季。在砧木开始萌芽、皮层刚可剥离的3~4月进行。多数果树在这时都能用枝条和带有木质的芽片嫁接，当年可培养成合格的嫁接苗。使用的接穗必须处于尚未萌发状态，并在砧木大量萌芽前结束嫁接。

（2）秋季。在日均温不低于15℃时进行芽接。接芽当年不萌发，翌年春季剪砧后培养成嫁接苗。

2.嫁接方法 常用的基本嫁接方法是芽接和枝接。

（1）芽接。芽接分为带木质芽接和不带木质芽接两类。

在皮层可以剥离的时期，用不带木质芽片嫁接，也可用带有少许木质部的芽片嫁接；皮层不易剥离，只能进行带木质嵌芽接。

①丁字形芽接。取一接穗枝条，用芽接刀在芽上方0.5cm处横切一刀，切透皮层，再在芽下方1.5~2cm处，顺枝条方向斜削入木质部，长度超过横切口即可。然后两指捏住芽片一掰，将其取下。随即在砧木较光滑处横切一刀，再在横刀口中间纵切一刀，使呈"T"形切口。用刀柄尖把接口挑开，将芽片由上而下轻轻插入，使芽片上边与砧木横切口紧密相接。最后用塑料薄膜条绑扎严密，叶柄外露。芽片也可稍带木质部。

②嵌芽接。削接芽时倒持接穗，先从接芽上方约1.5cm处，向前下方斜削一刀，长度约2cm，再在芽下方0.5cm处斜切一刀，与枝条呈45°角，到第一切口底部，取下芽片。砧木削切口的方法与削接穗相同，但接口比接芽梢长。然后将芽片插入接口，芽片上端必须露出一线宽窄的皮层，砧木与接芽形成层对齐，砧木较粗时一边对齐。最后用塑料薄膜条绑扎严密。

③贴芽接。先从芽的下方1.5cm左右处下刀，推到芽的上方1.5cm左右，稍带木质部削下芽片，芽片长2.5cm左右。再在砧木上削相同的切口，但比芽片稍长。将芽片贴到砧木上，最后用塑料薄膜条绑扎。

（2）枝接。枝接常用具有1个或数个芽的枝段为接穗。分为硬枝嫁接和绿枝嫁接。

硬枝嫁接多在春季砧木萌芽前至旺盛生长前进行；嫩枝嫁接在生长季进行，已在葡萄上广泛应用。按接口的形式，枝接分为劈接、切接、插皮接、舌接、靠接等。

①劈接。将砧木在嫁接部位剪或锯断，并削平断面，再把断面从中间劈开，劈口深3~4cm。

将接穗削成楔形，两个削面均长3~4cm，使上端有芽的一侧稍厚，另一侧稍薄。接穗长度以留2~4芽为宜。将砧木劈口撬开，把接穗稍厚的一边朝外轻轻插入，使砧穗形成层对齐，接穗切面上端露出0.5cm左右（称露白）。最后用塑料薄膜条绑扎。砧木粗时，可以插入2个接穗，劈口两端各1个。

②切接。砧木从要嫁接的部位剪断，削平断面，于断面1/3处或稍带木质部垂直切下，切口长2~3cm。在接穗下端稍带木质部削一平直光滑的削面，削面长2~3cm，再在其下端相反的一面削1cm以内的短斜面，将接穗留5~6cm，具1~3个芽剪下。把接穗的长削面面对砧木大断面插入砧木切口，使接穗削面两面或一边的形成层与砧木的形成层对齐，上部露出1~2mm。最后，用塑料薄膜条绑扎。

③皮下接。又称插皮接。砧木从要嫁接部位剪断，在光滑的一侧将皮层竖划一切缝，长3cm左右。接穗下端削成一侧长3~6cm，背侧长不足1cm的两个削面。把接穗大削面朝向木质部，慢慢插入砧木皮层与木质部之间，至削面稍微留一点为止。最后用塑料薄膜条绑扎。

④腹接。将接穗基部削成具有两个等长削面的楔形，削面长2~3cm，留1~4个芽剪下。砧木嫁接部位剪断或不剪断，在一侧向下约呈30°斜切一接口，深度与接穗削面相适应。然后将接穗插入，用塑料薄膜条或地膜绑扎。应用较多的是单芽腹接。

（四）嫁接后管理

1.检查成活　大多数果树嫁接后10~15d即可检查是否成活，春季温度低时间长些。接芽新鲜，叶柄一触即落的，即为生长季芽接成活。休眠期枝接、芽接后，枝芽新鲜，愈合良好，芽已萌动即为成活。

2.解绑放风　生长季芽接检查成活的同时进行松绑或解绑，秋季芽接的也可翌年春季解绑；枝接在新梢萌发并进入旺盛生长以后解绑；较粗砧木枝接，先解除接穗上的绑扎物，接口愈合后再解除砧木上的绑扎物，特别粗的砧木可到第二年解绑，这样既不妨碍生长，又利于愈合。嵌芽接，绑扎时应露出芽体，待新梢旺长后再解绑。枝接套袋保湿的，萌芽后先把袋上部撕破，进行放风，待新梢旺长后再去袋解绑。

3.剪砧　芽接成活后，剪去接芽上方砧木部分或残桩叫剪砧。

剪砧时，修枝剪刀刃应迎向接芽一面，在芽上0.3~0.5cm处剪截，剪口往接芽背面稍微向下倾斜，不留活桩。也可以二次剪砧，第一次在接口以上20cm左右处剪去砧木上部，保留的活桩可作新梢扶缚之用，待新梢木质化后，再行第二次剪砧，剪去活桩。还可应用折砧，即嫁接后或成活后在接芽上方将砧木苗折倒，促使接芽萌发生长的方法。在嫁接苗长到10多个叶片之后，再剪除砧木。

7月以前嫁接，成活后立即剪砧，接芽可当年萌发。但此法不能用于当年播种，当年嫁接的实生砧木苗上。因为，剪砧后，砧苗的地上部和地下部失去平衡，关键是砧根得不到叶片的有机营养，而导致死亡。以翌春剪砧为宜。

4.补接　嫁接未成活的，要及时补接。补接一般结合查成活、剪砧、解绑同时进行。

5.除萌和抹芽　剪砧后，砧木上长出萌蘖，应及时去掉，并且要多次进行，以节省养分。但桃嫁接后要保留部分萌蘖，尤其砧木苗夏季嫁接剪砧后，更需保留基部3~5个砧木苗副梢，以利于嫁接枝芽的生长，但要控制其长势。枝接成活后，抽生的新梢一般留一个，其他抹去；也可全部保留，按不同用途分别处理、培养。

6.加强综合管理　新梢长出后，生长前期要满足肥水供应，并适时中耕除草；生长后期适当控制肥水，防止旺长，使枝条充实。同时注意防治病虫害，保证苗木正常生长。

第三节　苗木出圃

一、移栽前的园地准备

（一）耕作　苗圃建立后首先要进行整地。整地包括耕地、耙地和镇压，其中耕地是整地的主要环节。耕地的关键是把握好深度。一般在播种区耕地深度为25cm，在扦插苗区和移植苗区耕地深度为30~35cm。在干旱地区和在轻盐碱地，耕地深度需要深些，而在沙地耕地深度则应浅些。耕地的时间应根据育苗地区的气候、土壤条件决定。

（二）施肥　苗木生长过程中，需要从土壤中吸收大量的营养元素，特别是氮、磷、钾需要量大，而土壤中这三种元素的含量较低。此外，苗木出圃时，不仅归还给土壤的养分很少，而且根系还带走部分养分。因此，在苗圃育苗中，为了满足苗木生长需要的各种营养，必须年年施肥。

二、起苗及假植

苗木经过一定时期的培育，达到移栽定植的规格时，即可出圃。

（一）出圃苗的规格　苗木质量的好坏直接影响栽植的成活率。

1. **果树苗木质量**　出圃苗应具备的条件：苗木根系发达。主要是要求有发达的侧根和须根，根系分布均匀；茎根比适当，高粗均匀，达一定的高度和粗度，色泽正常，木质化程度好；叶片完整，无病虫害和机械损伤。

2. **出圃苗的规格要求**　根据果树苗木分级表将苗木分为二级，具体标准见下表。

表　浙江省果树苗木分级表　　　　　（单位：株、%、cm）

果树种类		苗木等级	干粗（cm）	苗高（cm）	在规定高度内分枝或壮芽数
柑橘	宽皮柑橘	1 2	≥0.7 ≥0.6	≥45 ≥35	≥3个分枝 ≥2个分枝
	甜橙	1 2	≥0.8 ≥0.6	≥45 ≥35	同上
	柚类	1 2	≥0.9 ≥0.8	≥60 ≥50	同上
桃		1 2	≥0.7 ≥0.6	≥80 ≥60	整形带内有壮芽4个以上
李		1 2	≥0.7 ≥0.6	≥80 ≥60	同上
梅		1 2	≥0.8 ≥0.6	≥80 ≥60	同上
梨		1 2	≥0.8 ≥0.6	≥80 ≥60	同上
枇杷		1 2	≥0.8 ≥0.6	≥40 ≥30	
杨梅		1 2	≥0.6 ≥0.5	≥40 ≥30	≥3个分枝 ≥2个分枝
枣		1 2	≥0.9 ≥0.7	≥60 ≥40	≥3个分枝
柿		1 2	≥1.0 ≥0.8	≥100 ≥80	整形带内有壮芽4个以上
葡萄		1 2	新梢粗度≥0.6，具有4个以上健壮芽眼 新梢粗度≥0.5，具有4个以上健壮芽眼		

注：苗木干粗直径在第一次梢基部2cm处测量；苗木高度为嫁接口至植株顶芽的长度

（二）苗木出圃　苗木出圃包括起苗、假植、包装与运输及检疫和消毒等。

1. **起苗**　起苗又称掘苗。起苗作业质量的好与坏，对苗木的产量、质量和栽植成活率有很大影响，必须重视起苗环节，确保苗木质量。

（1）起苗季节。起苗时间与栽植季节相结合，要考虑到当地气候特点、土壤条件、树种特性等确定。除夏天高温季节外，一般可根据生产需要起苗，不过春季是最适宜的起苗季节。

（2）起苗方法。果苗起苗方法一般为裸根起苗。挖苗时沿着苗行方向，距苗行20cm处挖一条沟，沟的深度应稍深于要求的起苗深度，在沟壁下部挖出斜槽，按要求的起苗深度切断苗根，再从苗行中间插入铁锹，把苗木推倒在沟中，取出苗木。

起苗质量关系到栽植成活率的高低，对保证成活率至关重要，起苗时应注意：起苗深度适宜，实生小苗深度20~30cm，扦插小苗深度25~30cm；不在阳光强、风大的天气和土壤干燥时起苗；起苗工具要锋利；起苗时避免损伤苗干和顶芽。

2. 苗木包装与运输

（1）苗木的包装。常用浆根代替小苗的包装。做法是在苗圃挖一小坑，铲出表土，将心土（黄泥土）挖碎，灌水拌成泥浆，泥浆中可放入适量的化肥或生根促进剂等。事先将苗木捆成捆，将根部放入泥坑中蘸上泥浆即可。

（2）苗木的运输。长途运输苗木时，为了防止苗木干燥，宜用席子、麻袋、草帘、塑料膜之类的东西盖在苗木上。在运输期间要检查包内的湿度和温度，如果包内温度高，要把包打开通风，并更换湿草以防发热。如发现湿度不够，可适当喷水。为了缩短运输时间，最好选用速度快的运输工具。苗木运到目的地后，要立即将苗打开进行假植。但如运输时间长，苗根较干时，应先将根部用水浸一昼夜后再行假植。

3. 苗木的假植 假植是将苗木的根系用湿润的土壤进行埋植。目的是防止根系干燥，保证苗木的质量。起苗后如能及时栽植，不需要假植。但若起苗后较长时间不能栽植则需要假植。

假植分临时假植和长期假植。起苗后不能及时运出苗圃和运到目的地后未能及时栽植，需进行临时假栽植。临时假植时间一般不超过10d。秋天起苗，假植到第二年春栽植的称长期假植。

假植的方法是选择排水良好、背风、荫蔽的地方挖假植沟，沟深超过根长，迎风面沟壁呈45°。将苗成捆或单株排放于沟壁上，埋好根部并踏实，如此依次将所有苗木假植于沟内。土壤过干时适当淋水。越冬假植应在苗上履盖，以保湿保温。

4. 苗木检疫和消毒

（1）苗木检疫。苗木检疫的目的是防止危害植物的各类病虫害、杂草随同植物及其产品传播扩散。苗木在省与省之间调运时，必须经过有关部门的检疫，对带有检疫对象的苗木应进行彻底消毒。如经消毒仍不能消灭检疫对象的苗木，应立即销毁。所谓"检疫对象"，是指国家规定的普遍或尚不普遍流行的危险性病虫及杂草。

（2）苗木消毒。带有"检疫对象"的苗木必须消毒。有条件的，最好对出圃的苗木都进行消毒，以便控制其他病虫害的传播。

消毒的方法可用药剂浸渍或喷洒。一般浸渍用的杀菌剂有石硫合剂（浓度为 3~4 波美度）、波尔多液（1.0%）、多菌灵（稀释 800 倍）等。消毒时，将苗木在药液内浸 10~20min。或用药液喷洒苗木的地上部分。消毒后用清水冲洗干净。

第四节　果树定植

一、土壤耕作及果园覆草

（一）深耕与浅耕对土壤的作用

1. 浅耕　浅耕即在表土层作浅层耕作。

（1）浅耕的作用。浅耕的作用主要是铲除杂草；疏松表土层土壤，加强土壤的透水、透气性；切断土壤毛细管减少水分蒸发，稳定下面耕作层的水热状态。

（2）时间与方式。幼龄果园浅耕深度在 10cm 以内，管理水平高的果园，长势好的果园，可以浅耕或免耕。耕作结合除草施肥，每年进行 3~5 次，即在 3 月一次，5~6 月夏肥施用时一次，8~9 月除草一次，利用杂草种子还未成熟时进行一次秋肥，除草浅耕。对幼龄果园除草，果苗旁杂草用手拔除，除草仅在行间进行，以免损伤幼苗。

2. 深耕　指在原耕作层的基础上，加深耕作层作业。

（1）深耕的作用。改善土壤的物理性质，可减轻土壤的容重，增加土壤孔隙度，提高土壤蓄水量；加深和熟化耕作层，加速下层土壤风化分解，将水不溶性养分转化为可溶性养分。

（2）深耕的程度。深耕程度依果园管理水平、种植方式、品种、树龄而定，主要根据果树生长势及根系是否发达等情况；成年果园行间根系分布较多，程度浅些，不能年年深耕；老龄果园深耕程度可深些，一般可掌握在25~30cm。

土壤结构良好，土壤肥沃的果园可以免耕。

（二）覆草对果园的作用
覆草是在树冠下或株间覆盖作物秸秆或杂草等。覆盖方式分全园覆盖和畦内或行内覆盖两种。覆盖前要有良好的墒情，施足追肥和松土平地。覆盖后，因覆盖物逐年腐烂，要不断补充新的秸秆或草等，保持覆盖物在 15~20cm 厚。

1. 秸秆覆盖

（1）覆盖方法。用麦秸、稻草、绿肥、杂草等有机物质，覆盖于树盘、树行或全园覆盖。覆盖厚度为 15~20cm，覆盖物上压土，以防风刮和火灾。树盘覆盖时，每株覆盖量需 70~100kg；树行覆盖时，每亩覆盖量需 1000~1250kg；全园覆盖时，每亩覆盖用料需 2000~2500kg，如用新鲜材料，每亩覆盖总量需 4000kg 左右。

（2）注意事项。覆盖时应注意以下几点。

①覆盖时树干周围要留出空隙，以防田鼠为害，啃咬树皮，影响果树正常生长。

②最好全园进行覆盖，常年保持覆盖厚度，每年补充覆盖材料。

③海拔较高地区，早春务必将果树行内的覆盖材料堆放到行间，使树行土壤裸露，消除覆盖降温的负面影响，直接接受阳光照射，提高地温，保证果树适时萌芽和开花。

④平地果园土壤黏重地块，不宜采用覆盖栽培模式，否则会使土壤湿度过大，透气性差，根系生长不良，吸收功能衰退，地上部分因缺素而黄化，树势减弱。

⑤果园覆盖会导致土壤内含氮量迅速下降，应及时补充速效氮肥。1年生的幼树，每株应再追施氮肥 0.05~0.1kg；2~5 年生幼树，施氮肥 0.15~0.25kg；成年树按 50kg 果实施氮肥 0.15kg，或以 0.5% 的尿素溶液进行根外追肥。

（3）覆盖时期。一年四季都可以进行。冬前覆盖有利于幼树安全越冬，减轻冻害造成的影响；雨季前覆盖有利于蓄水和稳定土温，减轻裂果，提高果品质量。杂草覆盖要在立秋结籽以前，灌木覆盖应在半木质化前进行。

2. 覆膜法 覆膜法是利用透明的地膜覆盖在果树盘或果树行间的一种耕作方法。

（1）覆盖方法。覆盖在果树树盘、果树行间，地膜四周用土压紧。覆膜前树盘、树行间应喷除草剂以防杂草发生。

（2）覆盖效应。覆膜可增加土壤有效养分，保持土壤水分，提高土壤温度。可壮根发芽。提高光效，防止杂草生长，并有利于提高花期分化质量和坐果率，以及增加果实着色，减少病虫害发生。

二、果园施肥

（一）果树对肥料的要求 肥料是保证果树营养的重要来源。果树施肥原则要以有机肥为主，化肥为辅，保持或增加土壤肥力及土壤微生物活性，同时所使用的肥料不应对果园环境和果实品质产生不良影响。果树使用的肥料及其种类主要有以下几种。

1.允许使用的肥料种类

（1）农家肥料。农家肥料指就地取材、就地使用的各种有机肥料。它由含有大量生物物质、动植物残体、排泄物和生物废物等积制而成，含有丰富的有机质和腐殖质及果树所需要的各种常量元素和微量元素，还含有激素、维生素和抗生素等。其主要包括堆肥、沤肥、厩肥、沼气肥、绿肥、作物秸秆肥、泥肥和饼肥等。

（2）商品肥料。商品肥料是指按国家法规规定，受国家肥料部门管理，以商品形式出售的肥料。包括商品有机肥、腐殖酸类肥、微生物肥、有机复合肥、无机（矿质）肥和叶面肥等。其主要是以动植物残体、排泄物、其他生物废料、以及病殖物类物质为原料加工成有机肥，或者是矿物质物理或化学工业方式制成无机盐形式的肥料。

（3）其他肥料：指不含有毒物质的食品、纺织工业的有机副产品，以及骨粉、骨胶废渣、氨基酸残渣、家禽家畜加工废料、糖厂废料等有机物制成的，经农业部门登记允许使用的肥料。

2.禁止使用的肥料

（1）未经无害化处理的城市垃圾或含有金属、橡胶和有害物质的垃圾。

（2）硝态氮肥和未腐熟的人粪尿。

（3）未获准登记的肥料产品。

（二）果树施肥方法

1.早施多施基肥　目前大多数果园有机质含量不到1%，部分果园甚至在0.5%以下，远远达不到优质丰产园的要求，因此必须增加有机肥用量。首先，如果同时考虑到树体生长与改良土壤的双重需要，有机肥的施用量应掌握在每千克果2~3kg肥的标准。施基肥最适宜时期是采果前后，弱树采果前施，壮树采果后施。其次是春季花穗刚抽发时施。山区干旱又无水浇的果园，因施用基肥后不能立即灌水，所以，基肥也可在雨季趁雨施用。但有机肥一定是充分腐熟的肥料。在有机肥源不足时，一方面可将秸秆杂草等作为补充与有机肥混合使用；另一方面，有限的有机肥还是要遵循保证局部、保证根系集中分布层的原则，采用集中穴施，就是从树冠边缘向里挖深50cm，直径30~40cm左右的穴，数目以肥量而定，然后将有机肥与土以1∶1或再加一些秸秆混匀，填入穴中再浇水，以充分发挥有机肥的肥效。另外磷钾肥甚至锌肥、铁肥等可与有机肥混合施用，以提高其利用率。

2.合理追肥

（1）适当追施氮肥。氮肥的适宜用量应根据土壤的肥沃程度、保肥能力及树体类型综合考虑确定，一般1~2年生树，每次每株可追尿素50~100g，3~4年生树150~200g，5~6年以后的树体，一般每亩每次追肥不可超过15kg尿素，每亩每年的尿素用量在30~45kg。

（2）因地追肥。在有机质不足的条件下，对瘠薄地适当追速效氮肥，可起到了"以氮增碳"的作用。春季追氮后一般10~15d肥料开始发生作用，夏季一般5~7d，秋季介于二者之间。有机质含量低，保肥力差的山沙瘠薄地，养分随水淋失严重，而且常在7~8月雨季造成土壤脱氮，因此山沙地追肥应勤施少施。盐碱度较高的土壤上，当pH值达7.5以上时，土壤中有效磷含量普遍较低，果树因缺磷常有细枝不易成花的现象，这类土壤追施磷肥对早结果丰产是不可缺少的。

（3）因树追肥。施肥必须与植株类型相结合，生长较弱的树，为了加强枝叶生长，应着重在新梢正长时供应养分，最好在萌芽前，新梢的初长期分次追肥，追肥结合灌水，促进新梢生长，使弱枝转强。生长旺而花少或徒长不结果的树，为了缓和枝叶过旺生长，促进短枝分化芽，应当避开旺长期，而在新梢停长后追肥。

施肥种类上也应因树制宜加以调节。实践证明，氮肥助枝叶生长作用明显，弱枝复壮多用些氮肥。磷钾肥有缓和过旺生长的作用，对徒长不结果树宜增加磷钾肥的用量，适当减少氮肥用量。追肥最好给树盘中撒施，立即轻轻划锄，使肥混匀，然后浇水。树盘覆草时，可直接撒施在草上，然后以水冲下；或扒开覆草的一角撒在土表，然后浇水冲下，再将草覆上就可。

3.根外施肥 根外喷肥后10~15d，叶片对肥料元素的反应最明显，以后逐渐降低，至第25~30d则消失，因此如想在某个关键时期发挥作用，在此期内隔15d一次连续喷施。秋季采收后春、夏季花果发育期是根外追喷肥的两个重要时期。会促进花器官发育好，坐果率高，短枝粗壮。另外，锌、硼等元素缺素症的矫正也应注意秋季和早春两个关键时期，这两个时期喷肥矫正的效果一般比生长季好。

三、果树修剪

（一）果树整形修剪 果树的整形修剪包括整形和修剪两个方面。整形是根据不同果树种类的生长结果习性、立地条件、栽培制度、管理技术经及不同的栽培目的要求等，在一定的空间范围内，培育一个较大的有效光合面积，能负担较高的产量，便于管理或宜于欣赏的合理树体结构；修剪是根据不同果树种类的生物学特性或美化和观赏的需要，通过人工技术或使用化学药剂，对果树的枝干进行处理，促进或控制果树新梢的生长、分枝或改变生长角度，使之成为符合果树生长结果习性或有观赏价值的树形，以改善光照条件、调节营养分配、转化枝类组成，调节或控制果树生长和结果的技术。整形是通过修剪完成的，而修剪是在一定的树形的基础上进行的。所以，整形和修剪是密不可分的两个方面，也是果树在良好的栽培管理条件下，获得优质、丰产、高效、低耗的一项十分重要的技术措施。

果树的整形和修剪，和不同树种、品种的生长结果习性、树龄大小、长势强弱，以及不同的立地条件、土肥水等综合管理、病虫害综合防治等是密切相关的，只有在加强土肥水综合管理的基础上，在树体生长正常的前提下，综合运用整形修剪技术，才能获得理想的经济效果。

整形主要是指在果树的幼龄期间，根据其生长结果习性及不同的栽培目的，决定将其整成所需的形状。所以，整形是修剪的第一步。为了获得理想树形，需要进行修剪，使树干的高低适当，主、侧枝的方位、距离和长短相宜，彼此间生长均衡，既不过强又不过弱。成形后，为获得稳定的优质丰产，还要根据需要年年进行修剪，如疏枝、短截、摘心等，以延长经济结果年限，获得最高的经济效益，直至树体衰老，失去经济价值，再进行全园更新。

（二）果树修剪的意义

1. 提早结果年限延长经济寿命 根据树种和品种的成花难易，采取相应的修剪技术措施，可以提早结果年限；对不易成花结果的树种和品种，采取加大骨干枝角度、多留枝轻剪缓放及夏季修剪等措施，也可促进提早成花结果。为促进成花结果，可以多留枝并轻剪长枝，有些枝条甚至可以不剪；改变枝条的延伸方向，可缓和其长势，促生中、短枝并成花结果；如为促进生长，加速扩大树冠，可适当重剪，减少总枝量，促生长枝；对进入盛果期的大树，则应通过修剪调节，保持结果枝、预备枝和更新枝的适当比例，维持生长与结果的平衡关系，延长盛果年限；对进入衰老期的果树，则需通过更新复壮，直至全园更新。

2. 改善树体光照条件 整形修剪可以提高果树光合作用的效能，如选用适宜树形，开张骨干枝的角度，适当减少骨干枝的数量，降低树体高度和叶幕厚度等，都可改善光照条件，增加有效叶面积；再如对幼树和旺树，采取轻剪长放多留枝，改变枝条的延伸方向，调节枝条密度等，可以改善树体的光照条件，增强叶片的光合效能，减少无效消耗，增加树体营养积累，利于成花结果，提高早期产量。

3. 改善树体营养 整形修剪可以提高树体的代谢能力，改善树体营养。特别是对盛果期的大树，可以明显地改善其光照条件，增加叶片的光合效能，尤其能明显的提高树冠内膛叶片的营养状况；对花芽较多的弱树，剪去部分花芽，可以减少营养消耗，增加全树营养物质的积累，有利于增加全树的叶面积和总根量，又促进了整个树体的生长发育。

4.影响树体营养的分配和输导　合理的整形修剪，能够调节和控制营养物质的分配和利用，从而调节果树的生长和结果，使其既促进树体的健壮生长，又能正常的开花结果。

5.影响果树的生长和结果　对幼龄果树进行修剪时，由于对局部的长势有促进作用。应采取较轻的修剪措施，适当多留枝条，促其健壮生长，迅速扩大树冠，增加总枝叶量和有效短枝的数量，为优质丰产奠定基础。果树进入结果期以后，如结果数量过多，营养消耗过量，除果实不能充分膨大外，树体的营养生长也要受到抑制，造成树体营养亏损。通过修剪，可以有效地调节花叶和叶芽的适当比例，保持生长和结果的相对平衡；改善通风透光条件；增加树体的营养积累，延长盛果年限。对进入衰老期的果树，修剪时应注意对主、侧枝和结果枝组及时更新复壮，充分利用徒长枝，更新骨干枝或培养为结果枝组，改善树体的营养状况，延长经济结果年限。

6.提高果树抗逆能力　果树一经定植，便要十几年、几十年甚至上百年的生长于一个地方，由于这种长期性和连续性的特点，果树遭受病虫侵袭和不良环境条件影响的机会，就多于和大于一年生作物。合理的整形修剪，可使树冠上的枝条，有一个合理的配置和适当的间隔，保持良好的通风透光条件；在修剪过程中，还可及时剪除衰老、病虫枝，减少病虫危害和蔓延的机会，使果树少受或免受其害，增强树体的抗逆能力，维持稳定的产量。

7.提高果品产量　合理的整形修剪，可以调节全园各株果树的长势，使其均衡，以便发挥全园果树的总体生产能力。通过整形修剪，还可保持单位面积上一定的枝量，保持发育枝和结果枝的适宜比例，并使其配置合理，分布均匀，长势均衡，同时注意肥水管理和病虫防治，注意疏花疏果，对克服结果大小年现象的发生，提高果品产量，并保持连年优质、丰产，有明显效果。

8.改善果实品质，提高商品价值　合理的整形修剪，可使不同年龄阶段、不同长势及不同树冠大小的乔、矮砧果树，都能负担相应的果实产量。对于树上的枝条，又可根据其着生位置、延伸方向、开张角度、粗细以及占有空间的大小和历年的结果情况等，确定合理的留果量，使各树株之间以及同一株树的各主枝，都能合理负载。这样，所结果实发育均衡，大小整齐，商品质量高。

四、果树病虫草害防治

（一）果树病虫草害综合防治　近年来，可持续农业中形成的有害生物治理对策，已被更多的农业经营管理者所接受，其技术措施主要几下几种。

1.植物检疫　植物检疫是运用技术的手段，通过法律、行政的措施，防止危险性有害生物的人为传播。是综合治理中的重要组成部分，它是以法规形式杜绝危险性病、虫、草传播蔓延的防治措施，对保护农林业生产的安全和对外经济贸易的发展具有重要意义。马铃薯晚疫病19世纪40年代从南美传入西欧后在欧洲的大流行，造成了历史上著名的爱尔兰大饥荒。我国加入WTO后，对外交流和国内农产品流动不断扩大，杜绝危险性病虫草害传播蔓延的任务将更为繁重。

2.**农业防治**　农业防治是在有利于农业生产的前提下，通过农田植被的多样性、耕作栽培制度、农业栽培技术以及农田管理的一系列技术措施，调节害虫、病原物、杂草、寄主及环境条件间的关系，创造有利于作物生长的条件，减少害虫的基数和病原物初侵染来源，降低病虫草害的发展速率。

（1）合理安排作物布局。如采用不同的种植模式，选择有利于果树生长，而不利于病虫发生的间套作物，降低病虫害基数。

（2）加强田间管理。使用腐熟的有机肥料、清除田沟边杂草，进行合理的耕作、施肥、灌溉以及清理田园卫生，也是防治病虫害的一项有效措施。

（3）抗病虫品种。选育和利用抗病虫品种是防治果树病虫害的经济、有效、安全的措施，在许多重要病虫害综合防治中处于中心地位。

3.**生物防治**　生物防治是利用生物或生物代谢产物来控制害虫种群数量的方法。生物防治的特点是对人、畜安全，不污染环境，有时对某些害虫可以起到长期抑制的作用，而且天敌资源丰富，使用成本较低，便于利用。生物防治是一项很有发展前途的防治措施，是害虫综合防治的重要组成部分。生物防治主要包括：以虫治虫，以菌治虫，以及其他有益生物利用等。

4.**物理防治**　应用各种物理因子如光、电、色、温湿度等来防治害虫的方法，称为物理防治法。其内容包括简单的淘汰和热力处理，人工捕捉和最尖端的科学技术（如应用红外线、超声波、高频电流、高压放电）以及原子能辐射等方法。目前杀虫灯、防虫网、性诱捕器等已被广泛应用。

5.**化学防治**　化学防治是用化学物质——农药来控制有害生物数量的方法，是有害生物综合治理中的一个重要组成部分。除了化学药物外，还有施药器具和如何合理施药问题，如何与其他的措施相协调，以便充分发挥化学药剂的最大作用，将其负面效应减少到最小等问题。化学防治中最突出的是农药的合理使用，关键是确立靶标，对症下药。明确要防治的是哪一种或哪几种病害或虫害，然后根据防治对象的具体要求，选用合适的药剂品种、施药方法、施药部位和施药时间。

（二）允许使用的农药种类

1.**无公害果品生产允许使用的农药种类**　无公害果品生产的病虫害化学防治应合理选用农药。根据果类病虫害的发生实际对症用药，选择最合适的农药品种，能挑治的不普治，能兼治的不单治，根据防治靶标适期防治，选用合理的施药器械和施药方法，尽量减少农药使用次数和用药量，减少对果品和环境的污染。

（1）优先选择生物农药。优先使用生物源农药，生物源农药指直接利用生物活体或生物代谢过程中产生的具有生物活性的物质或从生物体提取的物质来防治病虫草害的农药。包括微生物源农药、动物源农药和植物源农药。

生产中常用的生物杀虫杀螨剂：Bt、阿维菌素、浏阳霉素、华光霉素、苗蓍素、鱼藤酮、苦参碱、藜芦碱等；杀菌剂：井冈霉素、春雷霉素、多抗霉素、武夷菌素、农用链霉素等。

（2）合理选用化学农药。有限度地使用部分高效低毒的化学农药，其选用品种、使用次数、使用方法和安全间隔期应按农药合理使用准则的要求执行。禁止使用高毒、高残留或有致畸、致癌等毒副作用的农药。

一是严禁使用剧毒、高毒、高残留、高生物富集体、高三致（致畸、致癌、致突变）农药及其复配制剂。如甲胺磷、呋喃丹、1605、3911、氧化乐果、杀虫脒、杀扑磷、六六六、DDT、甲基异柳磷、涕灭威、灭多威、磷化锌、久效磷、有机汞制剂等。有些农药残留量大，如三氯杀螨醇，其成分分解慢，施药一年后作物中仍有残留，也不宜在蔬菜上使用。

二是选择高效、低毒、低残留的化学农药。无公害果品生产允许有限制地使用限定的化学农药，使果品体内的有毒残留物质量不超过国家卫生允许标准，且在人体中的代谢产物无害，容易从人体内排除，对天敌杀伤力小。限定使用的化学类杀虫杀螨剂有敌百虫、辛硫磷、敌敌畏、乐斯本、氯氰菊酯、溴氰菊酯、氰戊菊酯、克螨特、双甲咪、尼索朗、辟蚜雾、抑太保、灭幼脲、除虫脲、噻嗪酮等。限定使用的化学类杀菌剂：波尔多液、DT、可杀得、多菌灵、百菌清、甲基托布津、代森锌、乙膦铝、甲霜灵、磷酸三钠等。

2.A级绿色果品生产的农药使用规定　允许使用A级绿色食品生产资料农药类产品。在A级绿色食品生产资料农药类产品不能满足植保工作需要的情况下，允许使用以下农药及方法：中等毒性以下植物源杀虫剂、动物源农药和微生物农药；在矿物源农药中允许使用硫制剂、铜制剂、有限度地使用部分有机合成农药，但要求按国家有关技术要求执行，并需严格执行相关规定；严格按照国家有关标准的要求，控制施药量与安全间隔期；有机合成农药在农产品中的最终残留应符合国家有关标准的最高残留限量要求。

严禁使用高毒高残留农药防治贮藏期病虫害。严禁使用基因工程品种（产品）及制剂。

3.有机果品生产中允许使用的农药　在有机果品生产中允许使用的品种有海藻制品、二氧化碳、明胶、蜂蜡、硅酸盐、碳酸氢钾、碳酸钠、氢氧化钙、高锰酸钾、乙醇、醋、奶制品、卵磷脂、蚁酸、软皂、植物油、黏土、石英沙等。

复习思考题

1.怎样建立苗圃？

2.怎样进行果苗培育？

3.怎样做好移栽前的园地准备工作？

4.果园怎样进行施肥？

5.果树病虫草害防治应注意哪些？

第二章　中级工技能操作要求

第一节　苗圃建立

一、母株选择与培育

（一）良种母株的鉴别　采集接穗的母树必须选择特别健壮、发育良好、能体现品种特性、优质、稳产、无检疫性病虫害的成年树，选取其树冠外围向阳的中、上部，表现充分成熟、健壮、芽头饱满充实、叶片浓绿、平整的1~2年生春、秋梢。

（二）母株的管理　留种母株要在始花期开始选择，以后要进行精细栽培管理。大面积栽培则需要专门开辟留种地。留种地一般要选阳光充足、土壤肥沃、排水良好的地块，并要精耕细作，加强肥水管理。为避免品种间机械或生物混杂，种植时在品种与品种之间应留一定的间隔距离，对一些亲缘关系较近的异花授粉果树，种与种之间也要留一定的距离，并经常进行严格的检查、鉴定，淘汰劣变植株。

二、苗圃场地的选择

（一）苗圃地址的基本要求　在正式进行苗圃建设之前，应该首先明确要建立一个什么类型的苗圃，并制定相应的计划，逐项开展工作。

一种是按苗木的种植方式分类。主要分为地栽苗圃和容器栽培（包括大树容器苗）苗圃。地栽苗圃也包括一些小型的容器苗和裸根苗的混合生产苗圃。另一种是按苗圃的功能进行分类。通常分为以零售为主的苗圃和以批发为主的苗圃。以科研示范游览观光为主的苗圃或是以园林部门为园林绿化美化为目的自给自足苗木基地等。

园林苗圃的建立分为以下几步。

1. 选址

（1）位置及经营条件。适当的苗圃位置和良好的经营管理条件，有利于提高经营管理水平和经济效益。需要比较方便的交通条件；同时应注意环境污染问题，尽量远离污染源（污染企业，如砖厂等）。

（2）自然条件。自然条件包括地形、地势及坡度、坡向、风向、风速；水源及地下水位；土壤质地、厚度、肥力等。

2. 设计与区划 区划播种、扦插育苗区、移栽假植区、大苗区、母树区、引种驯化区、温室区、展示区、管理区等，需建设设置：道路系统；灌排水（水肥）系统；安全防护系统；建筑管理区（办公室、宿舍、工具房、仓库、车棚）；水电设备（照明等）。

3. 圃地整理与土壤改良 深厚肥沃的土壤是获取优质苗木稳产、高产的重要条件。改良目标：一是改良物理性状，壤土保水、保肥、通气透水、调节温差的能力都很好；二是改良土壤酸碱性；三是改良土壤盐分含量。

（二）床土 床土是供给幼苗生长发育所需要的水分、营养和空气的基础。幼苗生长发育的好坏与床土的品质有亲密的关系。优质的床土应该富含有机质，具备高度的保水性和通透性，以及适宜的 pH 值和碳氮比等。

1. 苗床土的配制 苗床土配制应依据当地条件进行。草炭是目前育苗床土配制的好材料之一。另外，稻壳、炉渣、土杂肥等均可用作配制苗床土。森林腐叶土有机质含量丰盛，过筛后可直接与园土等混杂配制床土，不需经发酵过程，是一种良好的速成床土。

2. 床土消毒 床土消毒最直接也是最常用的方法就是药剂消毒。常用方法如下。

（1）甲基托布津或多菌灵消毒法。用50％甲基托布津或50％多菌灵粉剂，以1:100比例与细土混匀，播种前后将药土撒入苗床内。此法除了预防苗期病虫外，还可预防枯萎病和姜瘟病。

（2）五氯硝基苯消毒法。用40％五氯硝基苯8g，加细干土40~50kg拌匀，播前将苗床浇透水，待水渗下后，取1/3的药土撒在畦面上，把催好芽的种子播上，再把2/3药土覆盖在种子上面，使种子夹在药土中间。

（3）代森铵消毒法。将50％代森铵液配成300~400倍液，按每平方米3~5kg浇在床土表面即可。

（4）硫酸亚铁消毒法。每平方米用3％硫酸亚铁溶液0.5kg浇灌即可。

（5）波尔多液消毒法。每平方米苗圃地用等量式（硫酸铜:石灰:水为1:1:100）波尔多液2.5kg，加赛力散10g喷洒土壤，待土壤稍干即可播种或扦插。

（6）瑞毒霉素消毒法。用25％的瑞毒霉素50g对水50kg，混匀后喷洒营养土1000kg，边喷边拌和均匀，堆积1h后摊在苗床上即可。

第二节　果苗培育

一、留种园的选择

（一）果树的优良品种　果树的优良品种的要求：一是获得高额而稳定的产量；二是较高的果实品质，要求果品在大小、外观、内在品质、成熟期、贮运性能等方面或某个主要方面符合栽培目的；三是适应性广，果树不与粮食争地，更适合于山地、荒滩等不同立地条件的土壤；四是抗逆性强，抗寒、抗旱、耐湿、抗热、抗盐碱、抗病虫害，适宜栽培区域广；五是生育期适宜，生长时期尽量延长，保持鲜果周年供应，有利于果园劳力调配。

（二）果树的环境要求　对果树生长发育产生明显影响的环境条件。温度、水分、光照、土壤与空气等是直接生态因子；风、海拔高度、坡向与坡度等则是间接生态因子。

1.温度　温度主要是影响酶及细胞器和细胞膜的活性，来控制果树的吸收与蒸腾、光合与呼吸等重要的生理功能。

（1）低温。果树休眠期内可以忍受较低的气温，落叶果树地上部一般可耐 $-25~30℃$ 的温度，地下部一般只耐 $-10~12℃$ 的温度；而常绿果树在相对休眠期只能忍耐短期的 $-5~7℃$ 低温。冬季，降温过早、过骤的降温使果树冻害严重，持续低温比断续相同的低温更易使果树受冻。低于 $-12℃$ 或旬平均低于 $-14℃$ 就有严重冻害。

落叶果树有自然休眠期，这是果树抵御低温条件的一种生态适应性表现。休眠期内在0℃以下低温的影响下，可增加树体的抗寒力。花期气温变化频繁的地区，常使梨、杏、梅等的花器受害，导致小年或绝产。

（2）高温。超过果树各器官所能忍受的高温时，光合作用下降而呼吸作用增强，当后者大大超过前者时，果树处于生理"饥饿"状态，持续一定时间就会受害甚至死亡；土温超过20℃时，吸收根的发生加快，木栓化也加快；高于25℃后，生根受抑制，木栓化进程更快，根的吸收表面积大幅度下降，根组织细胞内的酶遭破坏，根的整个代谢过程停止。

（3）温差。昼夜温差显著的地区，果树的果实品质特别良好，落叶果树在白天高温(20~25℃)条件下光合效率最高，常绿果树约在20~30℃时光合效率最佳。白天高温，日照充足，光合产物大量积累，而夜间气温下降过低，在 10℃左右时，会减弱酶的活性，使果实内山梨糖醇不能进入细胞，而在细胞间隙积聚，产生水心病；如低温持续时间长，这种过程便不能逆转，水心病严重，以致造成果实在贮藏期的腐烂。

2. 水分　水既是树体和果实的部分及光合作用的原料，又是无机营养进入树体时的介质和载体，而且还是维持蒸腾的基质。果树的整个生命过程，都必须保持其水分的平衡。果树的需水量不等于降水量和灌水量。

水和空气在土壤中是相对共存体。水多则气少，反之亦然。果树根系吸水时，主要依赖呼吸释放的能量，水多气少反而不利吸水。

（1）土壤水分。果树对土壤水分的要求，一般以营养生长初期和果实开始迅速生长期为需水临界期，这时缺水对果树生长结果影响极大，此时土壤湿度以田间持水量的 75%~80% 为适。果树需水最多是叶面积最大、气温最高的时期。果实接近成熟时，土壤湿度以田间持水量的 50%~60% 为宜。

（2）大气湿度。蒸腾是果树水分平衡的一种主要形式，与温度和大气湿度有直接关系。正常的蒸腾率有利于果树的生长结果。蒸腾失水可以换取二氧化碳气体，又使叶片细胞液浓度增高而加强根的吸水力。蒸腾还降低叶片和枝干表面的温度，免受灼伤。但大多数果树是中生植物，既无旱生构造，又无耐涝能力，在大气干燥或过湿时，易受害。

3. 光照　阳光对果树和生长、发育、产量和品质均有重要影响。日光强度随纬度增加而减弱，依海拔高度的升高而增强；山地南坡比北坡光强，夏季比冬季强，中午比早晚强。光质，在高纬度地区长波光多于短波光，低纬度地区反之；不同果树对光强、光质和日照时间的要求也不相同。绝大多数落叶果树是阳性植物，对光的要求高，其中桃、扁桃、杏、枣等最喜光、苹果、梨、樱桃、葡萄、柿、栗等也要求较充足的光照，山楂、核桃、山核桃、猕猴桃等次之；常绿果树相对较耐荫，如柑橘、杨梅、枇杷等。

4. 土壤　不同土壤由不同的土粒组分构成，形成不同的保水、通气和肥力状况。土壤有机质含量在 2% 以上，被认为是果园稳产优质的必须条件。土壤有机质含量高，不仅肥力高，而且物理性状好，各种土壤环境因子稳定。土壤中无机营养元素主要是磷、钾、钙、镁、铁、锰、硼、锌等。

5. 间接因子　影响果树生态型的间接生态因子主要有：

（1）地势。在海拔 1000m 以下，垂直升高 100m，气温下降 0.6~0.8℃，光强平均增加 4.5%，紫外线增加 3%~4%。

（2）地形。低凹的地形，由于冬、春空气下沉、积聚，果树易受冻害。山口风大，使果树加速蒸腾，不利于果树生长。湖泊、江河等水域附近的果园，由于水面容量高，气温年较差小，有利于果树防寒越冬；多雾天气，果实着色受影响。

二、留种园的田间管理

(一)留种园田间管理

1.春季田间管理

(1)整形修剪。在果树萌芽前完成修剪工作,疏除病虫枝、重叠枝、上部位旺长枝,控制树冠高度,防止结果部位外移。

(2)清园消毒。落叶果树在花芽萌动露红前全园喷3~5波美度石硫合剂,柑橘类果树在芽萌动前树冠喷0.8~1.5波美度石硫合剂;清除落叶、树上僵果、修剪下来的枝条等带出园外集中烧毁。

(3)清沟排渍。开春后气温转暖,树液流动,花芽萌动,要做好清沟排渍工作,以提高地温,增强根系活力。

(4)施萌芽肥。每亩追施5kg左右三元复合肥作萌芽壮芽肥,提高萌芽质量,促发新梢。

(5)授粉与疏花。对结果性差或缺乏授粉树的果园,应做好授粉工作。在花期可进行人工授粉、放蜂授粉、喷施激素和营养元素,在盛花期喷施30mg/kg"九二〇"加0.3%硼酸溶液,或0.2%磷酸二氢钾加0.3%尿素溶液。

(6)适时防治病虫害。定期观察病虫为害情况,有针对性的用药,喷药应均匀稠密,保证不漏喷,不重喷。

2.夏季田间管理

(1)夏剪。夏剪对调节营养生长与生殖生长的关系、促进树体营养积累、改善果园通风透光条件、促进花芽分化和提高果实品质有非常重要的作用,必须做好以下两方面工作。

①拉枝:拉枝时除拉主枝外,还必须重视枝组的拉枝,结果枝组拉至下垂状。幼树一年生枝长达60~80cm时,立即拉到要求角度,对小主枝两侧的一年生枝可用"E"形开角器开张角度至下垂状。拉好的枝必须平顺直展,不能拉成"弓"形。拉枝在晴天中午最好,拉枝时将枝条反复揉软以防硬拉劈裂,按"一推、二摆、三压、四定位"的方法进行。

②疏枝:主要疏除过密枝、背上直立枝、强旺枝、徒长枝、竞争枝等。

③摘心:当新梢长到25cm左右时,将新梢前幼嫩部分掐除,以利水分养分的集中供应。

(2)肥水管理。追肥在果实进入迅速膨大期之前施入最好。追肥不仅氮、磷、钾等元素要全,而且比例一定要科学、协调,施肥量应根据树体大小,树势强弱,结果多少和管理水平以及基肥的施入量而定。同时,根据果园墒情,做到旱涝发生时及时排灌。

（3）病虫害防治。6~8月是果园各种病虫危害的高发阶段，也是一年中果园病虫防治的重要时期。病虫害防治主要应遵循"预防为主、综合防治"的原则，药剂须选择高效、低毒、低残留的生物源、矿物源农药。

3.秋冬季田间管理

（1）施好基肥。通常以迟效的有机肥料为主，配施磷肥和少量速效氮肥，有机肥多用人、畜粪、绿肥、青草、秸秆等、磷肥常用过磷酸钙。最适宜的施基肥的时间是秋季，果实采收后立即进行，宜早不宜迟。

（2）及时整形修剪。根据果树的树势，在生产中灵活运用"短截、疏枝、缩剪、甩放、伤枝、曲枝、撑技、拉技"等手段。做到"有形不死、无形不乱"，使果树骨干枝稳定、牢固，枝条分布适宜。修剪时要注意保留骨干枝的延长头，对枝组进行合理修剪，做到"上稀下密，阳稀阴密，内稀外密"，对交叉枝、重叠枝、下垂枝、病虫枝进行适当的疏枝和缩剪。

（3）土壤深翻熟化。果园土壤深翻熟化一般在秋季结合施肥进行深翻。深翻加厚了活土层，为根系生长创造了良好环境。同时秋季深翻可将在土中越冬的害虫翻到地表，使其在冬季冻死，减少了害虫越冬基数。

（4）清理果园。果树在生长过程中，会受到病虫侵害，而危害果树的病菌害虫一般在病果、病叶、病枝、杂草、土壤中越冬，明年继续为害。因此，在秋末冬初，清除落叶、杂草，拾净落果及修剪的枝条，并将其带出果园集中烧毁或深埋，可明显减少果园病虫越冬基数。

（5）做好病虫害防治。一是结合修剪，剪除病虫枝。及时清除树体上残留的枯叶病果，消灭病虫越冬场所。二是对果树上的病斑要及时刮除。三是石硫合剂对多种果树病虫害有歼灭性的防治作用，特别在果树落叶后，树枝全部裸露时，打"光干"药防治效果更好。喷药时要做到从上到下，从里到外，喷匀喷细，全株喷到。

（二）果树种子质量检验 种子层积处理前、播种前或购种时，均需对种子质量进行检验，以确定种子的质量和播种量。种子质量包括检验纯度和生活力鉴定。

1.种子纯度检验

可取袋内上下里外部分样品，混合后准确称其重量，然后放置于光滑的纸上，把完好的种子放在一边，将破粒、秕粒、虫蛀粒及杂物放在一边，分别称其重量，计算纯度。

纯度(%)=本品种种子重量/（本品种种子重量+其他品种种子重量）×100％。

2.种子生活力鉴定

（1）目测法。观察种子的外表和内部，一般生活力强的种子，种皮不皱缩，有光泽，种粒饱满。剥去内种皮后，胚和子叶呈乳白色，不透明，有弹性，用手指按压不破碎，无霉烂味。而种粒瘦小，种皮发白且发暗无光泽，弹性小或无弹性，胚及子叶变黄或污白，都是生活力减退或失去生活力的种子。

目测后，计算正常种子与劣质种子的百分数，判断种子生活力情况。

（2）发芽试验法。在适宜条件下使种子发芽，直接测定种子的发芽能力。

供测种子必须是未休眠或已解除休眠。每次使用50~100粒种子，重复3~5次。在培养皿或瓦盆中，衬垫滤纸、脱脂棉或清洁河沙，加清水以手压衬垫物不出水为度，将种子均匀摆布其上，保持20~25℃较恒定的温度，每天检查1次，记载发芽种子数，缺水时可用滴管滴水，避免冲动种子。

凡长出正常的幼根、幼芽的种子，均为可发芽的种子；幼根、幼芽畸形、残缺、中间细、根尖发褐停止生长的，为不发芽的种子。

根据发芽种子数量，计算发芽率，判断种子的生活力。

发芽率（%）=发芽种子总粒数／试验种子总粒数 ×100。

第三节 果苗移栽

一、果苗生长环境及影响因子

（一）果苗对生长环境的要求

1.温度

（1）温度影响果树的分布。温度是果树重要的生存因子之一。果树的目的是获取果实，而果实形成的环境比生长要严格得多。各种果树在其长期演化的过程中，形成了各自的遗传、生理代谢类型和对温度的适应范围。限制果树分布的温度诸多因子中，主要是年平均温度，生长期积温和冬季最低温。

（2）温度影响果树的生长结果。果树维持生命与生长发育皆要求一定的温度范围，不同温度的生物学效应有所不同。最适温度下果树表现生长发育正常，速率最快、效率最高。最低温度与最高温度常常成为生命活动与生长发育终止时的下限与上限温度。因此，过低与过高的温度对果树都是不利的，甚至是有害的。果树春季萌芽和开花期的早晚，主要与早春气温高低有关。

另外，温度对果实的着色、硬度及风味都有影响，进而影响到果实的品质。

2.降水与空气湿度　水是果树生存的重要生态因素，也是果树体内的重要成分。果树的需水量因树种不同，抗旱力强的有桃、杏、石榴、枣、无花果等，抗旱力中等的有苹果、梨、柿、樱桃、李、梅、柑橘等，抗旱力弱的有枇杷、杨梅等。

果树灌水的关键时期是生长季节初期坐果时、形成花芽时和采收前的最后一个果实膨大期。若这些时期缺水，则对果树的生长发育影响严重，就算后期补救也不会再有明显的效果。

3.土壤　土壤是果树栽培的基础。因为多年生木本果树大多属于深根性作物，所以需要较大的土层厚度。果树根系的生长与分布，主要与土层厚度及土壤的理化性质密切相关。土层厚度直接影响根系垂直分布深度。土层深厚，根系分布深，吸收养分与水分的有效容积大，水分与养分的吸收量多，树体健壮，有利于抵抗环境胁迫，为优质丰产提供了有利的条件。

（二）影响果树根系生长的因子　果树的根系具有固定、吸收、运输和贮藏等功能。在田间条件下，许多果树的吸收根只能存活1~2周，引起死亡的原因，除遗传因素外，主要是不良的环境条件和地上部比起来，根系对不良的外界条件更敏感。

1.地上部有机养分的供应　根系的生长、养分与水分的吸收和运输以及有机物质的合成，都依赖于地上部充分供应碳水化合物，发根的高峰多在枝梢缓慢生长、叶片大量形成之后。根系的生长高峰是与地上部新梢生长、果实发育、花芽分化错开的，这是果树地上部与根系之间相互平衡的结果。在土壤条件适宜时，果树根群的总量主要取决于地上部输送的有机物质的数量。当果树结果过多或叶片受损时，根系生长受抑，此时采用疏果或保叶措施，能明显促进根系的生长。

2.土壤温度　每种果树的根系生长都有最适宜的生长温度，不同树种、品种的果树，其根系最适温度都不一样，根系的适宜生长温度为20~25℃，原产于南方的果树要求的温度较高。根系生长需要适宜的温度。早春和晚秋土温较低，根系生长快，夏季土温过高则限制根系生长，高温缺水就会使毛细根坏死。果园生草能调节土壤表层温度，促进根系生长。

3.土壤的水分和空气含量　干旱时，土壤可利用水分下降，造成细胞伸长降低，然后停止生长，木栓化和自疏现象加重。土壤通气不良会影响根系的生理功能和生长。氧气不足时，根和根际环境中的有害物质增加，细胞分裂素合成下降。苹果、桃、葡萄、柿子等果树根系正常生长要求10％、12％、14％、15％以上的氧气环境。

4.土壤营养　施用有机肥可促进果树吸收根的发生，施用氮肥、磷肥可刺激果树根系的生长，但过量的氮肥会引起枝叶的徒长，反而削弱了根系的生长。硼、锰等对根系生长也有良好的促进作用。土壤缺钾时，对根系的抑制比对地上部枝条的影响严重，钙、镁的缺乏也会是根系生长不良。

二、移　栽

（一）果苗移栽　水果在移栽环节应着手抓好以下几个方面。

1.栽植时间　果树移栽一般在3月中旬至4月中旬，在春季芽苞将要萌动之前定植。在梅雨季节可以补植。秋季以9月为宜。移栽苗选择根系发达、木质部发白、根皮略成红色、与木质部紧密相贴的健壮苗木。移栽前进行定干修剪，同时将过密枝、病虫枝、伤残枝及枯死枝剪除。

2. **栽植方法**　种植土要选用土层深厚肥沃，有机质含量在1%~3%，透气透水性能好的土壤。栽植坑穴深度、长度及宽度都要达到50~60cm。栽植深度以地面与果苗的根径处相平为宜，栽植时，护根土要与穴土紧密相连，回土不紧或不实会形成吊空。不论是阴天或晴天种植果树，都应及时浇透一次性定根水。

3. **小苗养护**　高温季节树体水分蒸发比较大，在根系没有完全恢复功能前，过多的失水将严重影响果树的成活率和生长势。遮阳有利于降低树体及地表温度，减少树体水分散失，提高空气湿度，有利于提高果树的成活率。可以在树体上方搭设60%~70%左右遮光率的遮阳网遮阳。也可以在树木根周覆盖稻草及其他比较通气的覆盖材料，以提高土壤湿度。

（二）果苗田间管理

1. **灌溉**　果苗灌溉最好采用喷灌，喷头之间的距离根据喷头喷幅而定。分支水管的直径及分支水管的数量、长度要适当，以满足各个喷头的水压。大苗区的喷灌可采用移动式可装卸。自动化喷灌技术虽在最初投资较高，但从长远来看是经济有效的，而且还可提高苗木质量。

2. **施肥**　施肥方式一般为条施和点施，施肥时要注意施在苗木的根际范围内，同时不能离苗木主茎太近，以免烧伤。氮肥和钾肥易于流失，因此要不断补充。钾肥也可分几次施肥。磷肥不易流失，在早春施肥即可。施肥的量要根据定期的土壤分析和苗木的生产状况合理施肥。也可以结合喷灌进行施肥。

3. **土壤耕作与除草**　耕作措施主要是旋耕机旋耕，使土壤疏松，有利于雨水的渗入和通气；同时旋耕结合除草，比除草剂更为有效，也避免农药的残留和对苗木的伤害。当苗木较密，不利于机械操作时，可合理选用选择性除草剂或非选择性除草剂除草。

4. **根系修剪**　当苗木在田间生长1~2年后，就要对根系进行修剪，起苗时根系更为发达，移栽时更易于成活。可直接用长铁锹在苗的四周直上直下深挖，切断苗木的支根，断根的部位应在起苗根球之内，一般在销售前两年的初秋断根。断根后应立即浇透水，以防苗木水分的过度散失。

第四节 果园管理

一、果园施肥

（一）果树吸肥规律 生产实践证明，及时给果树施用必需的营养元素是提高果树产量和果实品质的重要措施。

1. 幼年果树的需肥特点

（1）对氮、磷、钾肥料都需要，尤其对氮、磷肥需求较多，磷对根系生长有积极促进作用。

（2）全年以施3~4次肥料为宜。

2. 成年结果期果树的需肥特点

（1）需要养分的数量大，种类多。每年采收果实、修剪树枝，带走了大量的养分，平衡供肥是保持树体营养的关键。

（2）随着树龄的增长，不仅对大量元素需求比例有变化，而且对中微量元素的需求更迫切，改土培肥尤为关键。

（3）全年对氮、钾需求数量多于磷，各生育阶段对氮、磷、钾的需求数量和比例不同。萌芽、开花、新枝生长需要较多的氮素。幼果期到膨果期需要充足的氮、磷、钾，尤其是氮和钾。果实采收后至落叶，是树体积累营养时期，积累营养的多少对来年萌芽开花影响较大。

（4）有明显的需肥高峰期。5~7月是生长旺盛期，枝叶生长、花芽分化、开花结果、根系生长需消耗大量的营养物质。

（二）果树贮藏营养 果树贮藏营养是指不直接用于同化和呼吸，而是贮藏起来备用的物质，主要是碳水化合物，蛋白质和脂肪等。这些物质贮存于皮层、木质部的薄壁细胞及髓中，以地下根部贮存较多。果树贮藏营养主要包括碳水化合物和有机氮化物两大类。碳水化合物主要以淀粉等多糖的形态存在；含氮有机物主要是精氨酸，还有氨基化合物、合氨酰胺等，主要贮藏于果树枝干和根系内，而且一般都是皮层中的含量高于木质部的含量。果树在年周期生长中，一般从萌芽前树液流动开始，至新梢开始生长后6周（苹果）结束，这段生长时期以利用贮藏营养为主。可见，树体内贮藏营养多少对果树正常生长结果至关重要。

1. 贮藏营养的作用 贮藏营养是连接二个生长季节的纽带和桥梁，是果树春季各器官再生建造的物质基础，它决定着果树前期的生长和分化。贮藏营养水平高，各器官启动迅速，枝叶展开、花芽开放整齐一致；叶片大，枝条生长快，坐果率高。因此果树贮藏营养水平在丰产、稳产、优质栽培管理中具有首要地位。

（1）对枝叶生长的作用。果树贮藏养分对叶片生长及枝梢萌发，伸长、加粗有显著影响。贮藏营养高，枝条生长快，叶片展开整齐迅速，叶面积有最适状态；贮藏营养不足，则新梢短小而纤细，叶片薄，光合作用能力差。

（2）对花芽分化的影响。有研究表明，在暖温条件下果树在落叶后还可以利用贮藏营养进行花芽分化。有些果树在落叶后至萌芽前利用贮藏养分和适宜条件进行分化。如果营养不足，花粉粒就不能充分发育，生活力也低，发芽率下降。

（3）对授粉受精的影响。正常的授粉受精过程，除去要有正常发育的雌雄配子相互有亲和性以外，还要有花粉萌发、花粉管生长速度和受精的正常条件。在树体营养良好的情况下，花粉管生长快，胚囊寿命长，柱头接受花粉的时间也长。氮素不足的情况下，花粉管生长慢，胚胎寿命短，当花粉管到达珠心时，胚囊已经失去它的功能，不能受精。因此，凡是直接或间接影响树体贮藏营养条件，特别是氮素营养差的都不利于授粉受精。

（4）对果实大小的影响。研究表明：苹果不同品种的果实，成熟时的大小主要决定于细胞数目的多少。同一品种，在同一地点不同的年份，果实平均大小的差异，即决定于细胞数目，也决定于细胞的大小。细胞数目的多少与细胞分裂时期的长短和分裂速度有关。果实细胞分裂开始于花原始体形成后，到开花时暂停止，大多数果实经授粉受精后继续分裂。因此，在生产实践中，要重视头一年夏秋间的树体管理，使果枝粗壮，花芽饱满；早春调节树体的营养，增加花期前后细胞分裂的数目；在后期进行营养调节，使果实细胞增大及充实细胞的内容物。

2. 提高贮藏营养的方法

（1）合理修剪。合理修剪，改善果园的通透条件。对密闭果园要利用间伐、疏缩等方法进行彻底的改造。果实采收后，疏除背上直立枝、树冠外围的扫帚及三杈枝、清理过密的辅养枝，以改善树冠光照，提高内膛叶片光合功能，利于花芽充实饱满和养分回流；剪去秋梢顶端，可以减少无效养分消耗，增加树体营养积累。

（2）早秋施足基肥。果树秋梢停长后，根系进入生长高峰，此期施用基肥，断根易愈合，并促发新根，并且肥料有充足的时间腐熟和分解，利于根系吸收。基肥应以有机肥为主，如堆肥、圈肥、绿肥及作物秸秆等。按0.5kg果1kg土杂肥或1kg果0.5kg鸡羊粪肥的标准，施入30~40cm深的放射沟中，最好配合施用速效氮、磷、钾肥和硼、锌、铁肥，以提高肥料的利用率和综合营养水平。

（3）适时采收。果实采早了，会影响产量和品质；采收过晚，光合产物不能转化为贮藏营养，会大大影响树体贮藏营养水平。生产中，要根据果实的成熟情况分期采收。果实采后，如遇干旱要适时灌水，此时浇水有助于肥料的分解和根系吸收，促进果树后期的生长发育，提高贮藏营养水平。

（4）根外追肥。根外追施氨基酸复合肥、磷酸二氢钾、尿素、光合微肥等可延长叶片寿命，增强叶片功能，提高叶片光合效率，增加树体营养积累。

（5）加强叶部病虫害防治。叶片质量的好坏、功能期的长短决定着树体有机营养水平的高低，因此要注意保护好叶片，对叶部病虫害要及时进行防治，防止叶片早期脱落，尽可能延长光合作用时间，增加树体营养积累。套袋果摘叶时摘叶总量不能超过全树叶片的30％，过多会影响树体的贮藏营养。

二、果树病虫害防治

（一）病害识别

1. 霜霉病　霜霉病主要危害叶片，但对新梢、花序和幼果也能危害。叶片被害后，引起早落，新梢被害，生长停滞、扭曲，甚至枯死，花序和幼果被害萎缩脱落。严重时也会引起整株果树枯死。叶片受害时，先呈现半透明边缘不清晰的油渍状病斑，后逐渐扩大至黄色及黄褐色多角形病斑，潮湿时叶背面产生1层灰白色霉状物。嫩梢、卷须、穗轴发病，开始为油渍状半透明斑点，逐渐稍凹陷，呈蓝色至褐色病斑，潮湿时表面也有白色霉状物。幼果被害时，呈现深褐色病斑，并发生白色霜状霉层。

2. 灰霉病　灰霉病主要危害花序、幼小果实和已成熟的果实。有时亦危害叶片、果梗和新梢。花穗和刚落花后的小果穗易受侵染。发病初期被害部呈淡褐色水渍状，后变暗褐色，使花穗和整个果软腐。潮湿时长出1层鼠灰色的霉层，为病原菌的分生孢子。成熟时的果实及果梗被害，果面出现褐色凹陷病斑，很快使果实软腐，果梗变黑色，不久在病部长出黑色块状菌核。叶片被害，基部叶片最先染病，病叶边缘出现水浸状失绿病症，逐渐变黄干枯，病斑面积约占叶面积的25％~75％，其余部分仍保持绿色。经7d左右，病斑向叶片绿色部分扩展，呈褐色，逐渐使叶片边缘卷曲干枯。

3. 白腐病　白腐病主要危害果实，也能危害叶片、新梢等。通常在果梗上先发病，初生水渍状浅褐色不规则的病斑，逐渐向果粒蔓延。果粒先在基部变成淡褐色软腐，后全粒腐烂，果梗干枯萎缩。果粒发病后1周，渐由褐色变深褐色，果皮下密生灰白色小粒点，后病果渐失水，而成深褐色的僵果脱落。新梢发病初呈水浸状淡绿褐色，边缘深褐色，后变暗褐色，凹陷，表面密生灰白色小粒点。当病蔓环绕1周时，其上部叶片萎黄而枯死。高温高湿的气候条件，是病害发生和流行的主要因素。

4. 缩叶病　缩叶病主要危害叶片，严重时危害嫩梢及幼果。受害嫩叶卷曲变形呈红色，局部肥大皱缩，逐步由灰绿变紫红色，春末夏初叶面生出一层灰白色粉状物逐步变深褐色，最后叶片干枯脱落。嫩梢受害略为粗肿，节间缩短。幼果受害呈红色，发育畸形，表面龟裂和疮痂。早春萌芽，气温升高至10~16℃，湿度加大，最易受害，一般4~5月是盛期。

5. 炭疽病　炭疽病主要危害果实。也危害新梢和叶片。严重时可使果实大量腐烂，枝条大批枯死，造成桃园严重减产，甚至无收。硬核前的幼果感病，病斑呈暗褐色，凹陷，病果很快脱落或全果腐烂，干缩成僵果挂在枝上。近成熟的果实发病时，病斑显著凹陷，并有明显的同心环状轮纹。枝梢发病时，病斑呈绿褐色、水渍状、长圆形，后逐渐变为褐色，稍凹陷。空气潮湿时，病斑上长出橘红色黏性物为分生孢子。病梢上的叶片萎缩下垂，并以中脉为轴向正面卷成筒状。4~5月大量发生，遇连续阴雨发病快，危害面也大，早熟品种抗病性差，晚熟品种抗病性较强。

6. 褐腐病　褐腐病主要危害果实，也危害花、叶和新梢。果实初期呈浅褐色斑点，几天后逐步扩大，果肉变软，病斑呈灰白色霉状，有同心环状轮纹，严重时果实干缩呈僵果。花器发病柱头先生褐色斑点，渐扩至花萼、花瓣及花柄，嫩叶受害先从边缘发生褐色水渍状病斑。果实成熟在多云、多雾的高湿情况下发病严重。

7. 疮痂病　疮痂病主要危害果实，也危害叶片和新梢。果实发病多在果实肩部。果面先产生暗绿色圆形小斑点，逐渐扩大至2~3mm，严重时病斑连成片，果面粗糙，果实近成熟时病斑变成紫黑色，病斑组织枯死，使病果常发生龟裂，丧失经济价值。叶片发病开始在叶背，初为不规则灰绿色病斑，逐渐枯死，形成穿孔。枝梢发病，病斑为暗绿色，隆起，流胶，仅危害表层不深入木质部。该病害的发生与品种有关，一般早熟品种发病较轻，中、晚熟品种发病较重。

8. 锈病　叶片被害时，起初在叶片表面发生橙黄色或橙红色、有光泽的近圆形小斑点，病斑略凹陷，直径4~8mm，并密生针尖大小的桔黄色小点粒，为病原菌的性孢子器。性孢子器成熟后溢出淡黄色黏液为病原菌性孢子，粘液干燥后小点粒变为黑色。以后，病斑处组织肥厚，叶面稍凹陷，叶背隆起并生出灰褐色、长约4~5mm的毛状物，即锈孢子器，每个病斑可产生锈孢子器10数条，成熟后锈孢子器顶端破裂散出黄褐色粉状物为病原菌锈孢子。其后病斑逐渐变黑色，当叶片上病斑较多时，叶片枯萎早期脱落。幼果被害症状与叶片症状相似，往往呈畸形，易早落。叶柄及果梗被害后，病部呈橙黄色，膨大隆起成纺锤形，上面也着生有性孢子器和锈孢子器。新梢的症状与叶柄相似，但后期病部凹陷、龟裂、易折断。

9. 轮纹病　轮纹病分生孢子翌年春天2月底在越冬的分生孢子器内形成，

借雨水传播，从枝干的皮孔、气孔及伤口处侵入。枝干发病，起初以皮孔为中心形成暗褐色水渍状斑，渐扩大，呈圆形或扁圆形，直径 0.3~3cm，中心隆起，呈疣状，质地坚硬。以后病斑周缘凹陷，颜色变青灰至黑褐色，翌年产生分生孢子器，出现黑色点粒。随树皮愈伤组织的形成，病斑四周隆起，病健交界处发生裂缝，病斑边缘翘起如马鞍状。数个病斑连在一起，形成不规则大斑。病重树长势衰弱，枝条枯死。果实发病多在近成熟期和贮藏期，初以皮孔为中心形成褐色水渍状斑，渐为扩大，呈暗红褐色至浅褐色的同心轮纹。病果很快腐烂，发出酸臭味，并渗出茶色黏液。叶片发病，形成近圆形或不规则褐色病斑，直径 0.5~1.5cm，后出现轮纹，病部变灰白色，并产生黑色点粒，叶片上发生多个病斑时，病叶往往干枯脱落。

10. 黑斑病　黑斑病发生普遍，病原菌以菌丝在病叶、病枝、病果和枯芽中越冬。翌年春天产生分生孢子，借风雨传播，分生孢子在有充分湿度条件下萌发，突破寄主表皮，或经气孔、皮孔侵入寄主组织进行初侵染，在整个生长期都有发生。幼果发病初期，果面出现黑色小斑点，逐渐扩大成圆形，病斑稍凹陷，并发生龟裂。果实生长旺盛时期受害，初期症状和幼果相似，但发展快，病斑大，不规则，并发生龟裂，使果面变黑褐色，病果容易脱落。叶片染病以嫩叶最易受害，病斑初为圆形或不规则的病斑，后扩大成同心环纹状，暗褐色。有时数个病斑融合成不规则形大块病斑，并出现淡紫色环纹，湿度高时，病斑上产生黑色霉层，病斑外围有黄绿色晕圈，病叶易早落。新梢染病时，初为黑色小斑点，以后发展成长椭圆形，暗褐色、凹陷，病健交界处产生裂缝，病斑表面有霉状物，即病原菌的分生孢子。

11. 溃疡病　溃疡病初期在叶背出现黄色或暗黄色针头状大小的油浸状斑点，后向叶片两面扩展隆起，呈近圆形、米黄色的病斑。其后病部破裂，木栓化，中央凹陷，呈火山口状裂口，周围有黄晕。枝梢与果实上的病斑与叶片上的相似，但隆起更为明显，木栓化程度更高，周围无黄晕。在气温低于 10℃以下时，不形成病斑。病菌随同雨滴飞溅传播，从气孔、皮孔及伤口侵入。

12. 病毒病　病毒病目前已知有 7 种，包括黄龙病、裂皮病、衰退病、碎叶病、温州蜜柑萎缩病、鳞皮病和脉突病。

（1）柑橘黄龙病。由嫁接或柑橘木虱传播，导致大批橘树毁灭，危害柑、瓯柑等品种。夏、秋新梢表现叶片黄化，斑驳，节间短，枝丛生，落叶，开花早，落花多，果小，畸形，成熟时果实脐部仍为绿色，呈"红鼻果"。

（2）柑橘衰退病。包括速衰病、苗黄病和茎陷点病，由媒介昆虫蚜虫传播。速衰病主要危害以酸橙作砧木的甜橙植株，病树新梢抽发少，叶片黄化、脱落，树势衰退，严重时凋萎枯死。苗黄病主要危害苗木，黄化、矮化。该病与砧木无关。葡萄柚、柚和某些甜橙易感病，影响养分的输送，枝条易折断，病树节间短，矮化，果子小，产量低。

（3）柑橘碎叶病。危害以枳、枳橙作砧木的植株，通过机械方法传播。病树嫁接口肿大，砧木部小，严重时缢缩明显，易折断。病树根系不良，枝、叶发黄，树势衰弱。

（4）萎缩病。主要危害温州蜜柑，春梢产生舟形叶和匙形叶，节间缩短，果实高桩，植株矮化萎缩，产量和品质下降。

草莓感染病毒后通常表现为植株长势弱，新叶展开不充分，或扭曲、畸形、黄化、斑驳，并伴有叶片小，无光泽，群体矮化，产量下降，品质变劣，畸形果增多，一般减产20%~30%，严重的可达50%。

（二）害虫识别

1. 象鼻虫 象鼻虫危害桃、李、杏、梅、樱桃等果树，成虫危害花、果及嫩芽。1年发生1代，寒地以幼虫越冬，暖地以成虫越冬，于果树萌芽时开始出土，爬到树上危害花朵，不久交配，于4月中、下旬产卵，先在果柄咬成切口，然后在果面上咬一小孔产卵，并分泌黏液封闭孔口，每果产卵1~2粒，每雌虫能产卵20~60粒，4月底至5月上旬幼虫孵化，在果内危害，危害期1个月左右，5月下旬、6月上旬脱果入土，在土内做土室，9月中下旬开始化蛹，10月成虫羽化，到翌年春才出土。少数幼虫次年早春化蛹。

2. 梨小食心虫 梨小食心虫主要危害桃、梨、杏、樱桃、苹果等果实。此虫1年发生4~5代。一般4~6月，第一至第二代幼虫主要危害桃、李梢和李果。被害梢初期萎蔫，以后干枯流胶下垂，李幼果受害容易脱落。6月下旬至9月危害李、桃、梨果实。初期在果皮下蛀食，逐渐向果心蛀食，虫道呈不规则状，以后果面有糊稠状粪便，蛀孔周围果皮变干腐、黑色稍凹陷，果肉虫道有黑色粪便阻塞。11月上、中旬后老熟幼虫陆续在枝干裂皮缝隙、树洞和主干根颈周围表土中结茧越冬。第二年春季3月中下旬，日平均温度7~8℃连续10d左右，越冬代成虫大量羽化。4月中旬桃叶、叶腋上见卵。一般卵期3~6d，幼虫期13~17d（越冬代约200d），蛹期11~14d，成虫寿命4~6d，一雌蛾可产卵70~80粒，成虫对糖醋液有趋性。

3. 蚜虫 蚜虫有9种之多，以棉蚜、橘蚜和橘二叉蚜为主，其次还有桃蚜、绣线菊蚜等。梨二叉蚜1年发生10~20代，以卵在花芽隙间或小枝裂缝、树皮缝隙中越冬。次年花芽萌动时卵孵化为干母若蚜，集中到芽露绿处刺吸危害，经8~10d长出尾管。4月中旬至下旬初，花序伸出时，干母若虫钻入花蕾簇中危害，被害花蕾上出现小蜜珠，4月下旬干母若虫开始胎生无翅蚜，数量迅速增长。盛花初迁至未展开和刚绽开的叶上危害，叶片展开后集聚到叶面、嫩梢上危害并繁殖，致使叶片纵卷成筒状。4月中旬至5月上旬危害最为严重。5月中旬开始出现有翅蚜，陆续飞离果树，迁移到杂草上危害。

9~10月间产生的有翅蚜又陆续迁回果树危害后胎生无翅蚜，蚜量逐渐增多。10月上中旬出现有性蚜，交尾后产越冬卵于芽隙或树皮裂缝中越冬。

4. 中国梨木虱　中国梨木虱以成、若虫刺吸芽、叶、嫩梢汁液进行直接危害。分泌大量黏液，诱发煤污病，使叶片受到间接危害，受害叶片出现褐斑造成早期落叶，新梢受害发育不良，同时污染果实，影响外观品质。梨木虱1年发生3~5代，以成虫在树皮下缝隙、剪锯口、落叶、杂草及土隙中越冬。2月下旬越冬成虫开始活动（出蛰），3月上旬为盛期。果树发芽前开始产卵于短果枝、叶痕、芽缝或小枝上，发芽、展叶期产卵于嫩叶、新梢的茸毛内。着果后产卵于叶缘锯齿间、叶脉沟内等处。第一代若虫在芽缝或卷叶中危害，有分泌黏液的习性。第二代群集在新梢枝轴、叶腋或在分泌的黏液中生活，吸食汁液。第三代若虫是梨木虱危害高峰，数量较大。5月上中旬第一代成虫出现。第二代成虫出现在6月上中旬、第三代7月上中旬、第四代8月中旬、第五代9月上旬，10月始成虫逐渐进入越冬。直接危害盛期为5月中下旬至7月上中旬，相对湿度大于65%，分泌物诱发煤污，致使叶片产生褐斑并坏死，造成间接危害，引起早期落叶。

5. 梨花网蝽　梨花网蝽以成虫、若虫群集叶背面吸食汁液危害，被害叶呈苍白色斑，叶背有虫粪及分泌物，呈黄褐锈色斑。严重时引起落叶。此虫1年发生4~5代，以成虫在落叶、杂草、树皮缝隙和树下土壤缝隙等处越冬。第二年4月上中旬果树新叶抽生，越冬成虫开始活动，群集于叶背取食和产卵，卵产于叶背面叶脉两侧的叶肉组织内，卵期约半个月。5月上旬第一代若虫陆续出现，中旬为盛发期。6月以后世代重叠，虫口密度激增，7~9月危害最为严重，10月中下旬，成虫开始陆续进入越冬。

6. 刺蛾类　刺蛾类危害多种果树和林木，种类较多。常见的有黄刺蛾、扁刺蛾、中国绿刺蛾、褐边绿刺蛾、梨刺蛾等。幼虫蚕食果树、林木叶片，残留叶脉，被害叶呈网状，严重时可将全叶食尽，仅留叶柄和主脉，全树叶片残留无几，引起秋季梨树2次开花，严重削弱树势，影响产量。幼虫身上有毒毛，触及人体常引起红肿痛痒，严重时引起人发烧致病。

7. 红蜘蛛　红蜘蛛成虫无翅膀，靠风、雨、种苗、工具及人体等途径传播扩散，发生普遍。以口针刺破叶片、嫩枝、果实表皮吸取汁液。叶上呈灰白色小点，严重时呈灰白色、落叶，影响树势、产量。年均温在15℃时，年发生12~15代。以卵和成螨在叶背凹陷和枝条裂缝处越冬，发生高峰为3~5月和9~10月。温度超过35℃时，不利其生存。该螨有喜光和趋嫩习性，从老叶转移到嫩叶、果实上危害。

8. 柑橘锈壁虱　柑橘锈壁虱发生普遍。成螨和若螨群集在叶片、果实及嫩枝上，以针状口器刺吸汁液，果实表面被害呈黑色或栓皮色，叶片被害成锈叶。危害严重时，引起大量落叶，果小、味酸、皮厚。1年发生8~24代，世代重叠。以成螨在腋芽、卷叶内越冬。越冬的死亡率较高，气温在10℃以下停止活动。越冬成螨3月中旬开始产卵，5~6月迁至新梢及幼果上危害，7~10月危害高峰，尤以7~8月更盛，繁殖快，每隔10d左右就可完成1个世代。成、若螨喜隐蔽，畏阳光直射，常在树冠的内部、下部的叶片和果实上开始危害，再向上向外扩展，以叶背为多，果实以下方及背阳面为多。夏季干旱发生，大风暴雨因冲刷可减少虫口数，可借风雨、昆虫、农具等途径传播，远距离传播靠苗木。

9. 天牛类　天牛类有星天牛、褐天牛和光盾绿天牛3种。

（1）星天牛。称牛头夜叉、花牯牛、橘星天牛等，发生普遍。以幼虫蛀食主干及根部。导致皮层死亡，叶片枯黄脱落，树势衰退，重者植株死亡。1年发生1代。以幼虫在树干基部或主根的木质部内越冬。翌年4月化蛹，5~6月为成虫盛期。成虫交尾10~15d后开始产卵，产于距地3~5cm范围的主干上。6~7月，幼虫孵化，后由皮层蛀食危害。11~12月间幼虫开始越冬。

（2）褐天牛发生普遍。以幼虫从皮层侵入危害，以后蛀食木质部，有木质状虫粪排出。致使树势衰弱，老树尤烈一般需2~3年完成1个世代。成虫和幼虫均可越冬。5~6月和8~9月为成虫活动期，卵多产于树干距地面0.3~1m处，以主干与大枝分叉处为多，且多产在树干伤口，洞口附近处。经7~15d后，幼虫孵化蛀入皮层，并有泡沫状胶液流出，约20d天后蛀入木质部危害，常向上蛀食，外有虫粪，幼虫虫道有3~5个气孔与外界相通。

10. 卷叶蛾　卷叶蛾年发2代。主要危害柑橘、龙眼、荔枝、枇杷、杨梅、柿等植物，发生广泛且危害较为严重的有拟小黄卷叶蛾、褐带长卷叶蛾和小黄卷叶蛾等几种。

拟小黄卷叶蛾以幼虫危害果树的嫩梢、嫩叶和果实。常吐丝将叶片卷曲黏连或将叶片黏在一起，虫体躲在其中取食危害。叶片被吃光，幼果受害后脱落，果实近成熟时受害导致腐烂脱落。1年可发生8~9代，且世代重叠。多以幼虫在叶苞和卷叶内越冬，少数也可以蛹和成虫越冬。翌年3月中旬成虫羽化，即交尾并产卵于叶片上。3月下旬开始孵化，幼虫盛发于果树花期至幼果期。5~6月为第二代幼虫盛发期，常危害幼果造成大量落果。第三、第四、第五代幼虫危害嫩叶，至9月果实近成熟时转至果实危害，引起第二次落果。成虫多在夜间活动，趋光性不强，有趋化性，喜食酒醋液，幼虫遇惊后可吐丝下垂或弹跳逃跑。幼虫老熟后在叶苞内化蛹。卵、幼虫、蛹各虫态均有天敌发现。

11. 蓑蛾类（大蓑蛾、小蓑蛾、白囊蓑蛾）　蓑蛾是一种杂食性害虫，在浙江的余杭、余姚、慈溪、黄岩、温州等地都有发生。兼害杨梅、桃、梨、柑橘、梧桐等。

（1）大蓑蛾。1年发生1代。以老熟幼虫在护囊内越冬，翌年4~5月间成蛹、羽化。幼虫从6月上旬至翌年4月上旬均有出现，一般9~10月间开始食害，危害严重时食尽叶肉，仅留叶柄和叶脉，其护囊外披残叶，缠缚于树枝上，如果不及时摘去，缠缚部位常被紧缚而成缢痕，致使枝条易从此部折断。

（2）小蓑蛾。护囊为圆锥形，外表有碎叶披护，幼虫前半身依附于叶面，食害叶面表皮和叶肉，被害叶常变为红色，造成早脱落。1张叶片上多达4~5只，能全树蔓延，威胁很大。1年发生2代，第一代4~5月出现，虫口数少，危害较轻；但如果不及时防治，第二代虫口数增多，7~8月间危害猖獗。

（3）白囊蓑蛾。护囊灰白色，细长，外面无残叶披护，常缀挂于叶背面。1年发生1代，自7月中旬至8月中旬发生最多，严重时同1叶上多达5~6只，食害下层叶肉，使被害叶变红色早脱落。

12.**主要地下害虫**　主要有蛴螬、蝼蛄、地老虎和金针虫等。

蛴螬是各种金龟子幼虫的通称。食性很杂，常咬食果树的幼根、新茎，造成死苗。蝼蛄主要有非洲蝼蛄和华北蝼蛄，食性也很杂，以成虫或若虫在土中咬食幼根和嫩茎，造成缺株断垄或成片枯死。常见的地老虎有小地老虎、黄地老虎和大地老虎，其中以小地老虎和黄地老虎分布普遍，常咬断幼苗近地面的嫩茎，或将咬断的嫩茎拖到附近潜伏的土穴中，叶片露在穴外，在穴中咬食嫩茎。金针虫幼虫危害须根、主根或茎的地下部分，使幼树枯死。

（三）杂草识别

1.**葎草**　葎草是桑科葎草属，一年生或多年生草本植物。茎缠绕生长，长1~5m；茎和叶柄上都密生着倒钩刺。叶对生，有长柄，叶片呈掌状，叶缘有粗锯齿。花小，浅黄绿色；花梗细长，有短钩刺。瘦果浅黄色或褐红色，扁圆形，先端有圆柱状突起，成熟后形成球状果。通常用种子繁殖。葎草通常生长在沟边、路旁或农田中，主要危害果树及小麦、玉米等旱田作物，它们的茎缠绕在作物上。7~8月进入花期，9~10月进入果期。葎草的抗逆性很强，耐寒、抗旱、喜肥、喜光，长势旺盛，很容易形成群落。

2.**鸡眼草**　鸡眼草是豆科鸡眼草属，一年生草本植物。株高5~30cm，有的平卧，有的斜生，有的直立生长。鸡眼草的叶是三出复叶，托叶长圆形，小叶倒卵形或长圆形，先端圆或微凹，有小凸尖，基部楔形，主脉与叶缘稀疏的生长着一些白色的茸毛。荚果卵状长圆形，外面有一层细短毛。鸡眼草的生命力比较强，很耐践踏。在每年的6~9月开花结果。鸡眼草常常生长在山坡、路旁、田边和树林中潮湿的地方，常连片生长成为地毯状。鸡眼草对有些果园、旱地会造成很大的危害，它们繁殖能力很强，主要用种子或地下茎繁殖。

3.**酢浆草**　酢浆草是酢浆草科酢浆草属，一年生草本植物。株茎比较柔弱，匍匐生长或倾斜生长，茎上有很多分枝，节上生长着不定根，上面稀疏地生长着一些柔毛。三出复叶，互生；小叶无柄，倒心形，先端心形，基部宽楔形。伞状花序，生长在叶腋处；花黄色，花瓣倒卵形。蒴果，接近圆柱形，有5个棱，上面有短柔毛。通常用种子繁殖。酢浆草每年2~3月出苗，5~9月开花，6~10月结果。它们适合生长在比较潮湿的环境中，耐干旱，是果园、蔬菜地、苗圃的常见杂草。

4. 车前　车前是车前科车前属，一年生或二年生草本。株高5~20cm。叶从植株基部抽生出来，卵状披针形，边缘有小锯齿。穗状花序，上部的花比较密，下部的花比较稀疏。蒴果圆锥状，黄褐色。车前在每年秋季或早春出苗，6~8月开花，8~10月结果。通常用种子或根茎繁殖。车前喜湿润，耐干旱，耐践踏。是果园、路埂的常见杂草，也常常侵入菜地和夏收作物田中危害。

5. 小飞蓬　小飞蓬又名小白酒草，是菊科白酒草属，一年生或二年生草本。株高40~120cm，茎直立生长，上面有一层粗糙的毛。叶对生，叶片披针形。头状花序，花梗比较短，种子成熟后，会随风飘扬。小飞蓬主要靠种子繁殖，幼苗或种子越冬。在我国，每年10月初出苗，10月中下旬出现高峰期，花果期在翌年6~10月。多生长在干燥、向阳的土地上，在牧场、草原、河滩及路边常形成大片草丛。小飞蓬是危害果园的优势草种之一，对秋收作物危害也比较大。

6. 遏蓝菜　遏蓝菜又称败酱草，十字花科，一年生或两年生草本植物。株高10~60cm，茎不分枝或很少分枝，全株光滑无毛，呈鲜绿色。从植株基部生长出来的叶片呈倒卵状，有叶柄；植株茎上生长的叶呈倒披针形或长圆状披针形，没有叶柄。总状花序生长在植株的顶端；花比较小。短角果近圆形或倒卵形，扁平，周围有宽翅，顶端有凹缺，开裂。种子宽卵形，棕褐色。遏蓝菜的苗期在每年冬季或第二年春季，花期在每年的3~4月，果期在每年的5~7月。遏蓝菜是果园、菜地和夏收作物田中的主要杂草。

7. 铜锤草　铜锤草又称红花酢浆草，是酢浆草科酢浆草属，多年生常绿草本。株高20~35cm。地下部分有鳞茎，圆形，长约2~2.5cm；鳞片呈褐色，叶片从植株基部生长出来，有长柄，加上3枚无柄的小叶，组成掌状复叶，呈倒心脏形，顶端凹陷。花茎从叶腋抽生出来，伞状花序，由5~10朵花组成，花瓣呈淡紫红色。铜锤草通常生长在村边、路旁、荒地、旱作物地和果园中，由种子和磷茎繁殖。尤其是在湿润肥沃的果园中长势旺盛，蔓延迅速，几乎可以覆盖整个果园的地面，同果树争肥争水，危害果树的生长。铜锤草在炎热的夏季生长缓慢，每年4~5月、8月下旬至10月下旬是生长高峰期。

8. 乌蔹莓　乌蔹莓又称五爪龙，是葡萄科乌蔹莓属，多年生草质藤本植物。茎上带有紫红色，有纵棱，有卷须；幼枝上面有柔毛。由5片小叶排列成鸟爪状的掌状复叶；中间的1枚小叶比较大，呈椭圆状卵形，两侧的4枚小叶比较小，成对着生在同一个叶柄上，小叶的边缘具有比较均匀的圆钝锯齿。伞房状的聚伞花序从叶腋处抽生出来，花小、黄绿色，有短梗；浆果卵形。乌蔹莓的花期在每年的6~7月，果期在每年的8~9月，通常用种子繁殖。乌蔹莓性喜阴暗潮湿的环境，在路旁、沟边及灌木丛中比较常见，是果园、桑园、茶园和菜地中的常见杂草，发生量大，危害也比较严重。

9. 鸭跖草　鸭跖草又称兰花草、竹叶草，是鸭跖草科鸭跖草属草本植物，多年生杂草。茎披散，有很多分枝，植株基部的茎匍匐生长，节上生根，上部的枝向上生长。叶鞘及茎上部有短毛，其余部分无毛。叶互生，无柄，披针形至卵状披针形。每3~4朵小花成一簇，由一个绿色心形的折叠苞片包裹着，着生在小枝顶端或叶腋处。鸭跖草通常在每年的春末夏初出苗，茎基部匍匐生长，着土后节易生根，蔓延迅速。花果期在每年的6~10月，适合生长在潮湿的地方，鸭跖草的适应性很强，在农田、果园、沟边、路旁等湿润的地方比较常见。

10. 香附子　香附子又称莎草、香头草，是莎草科莎草属，多年生草本。根状茎匍匐、细长，顶端着生着椭圆形的棕褐色块茎。秆锐三棱形，直立生长。叶生长在植株基部，有光泽。聚伞花序有3~6个开展的辐射枝；小穗条形；鳞片卵形，两侧紫红色，中间绿色。香附子通常每年2~4月出苗，5~6月开花、结果。主要用块茎和种子繁殖。香附子在土壤比较湿润的农田、路旁或荒地比较常见，有的果园受害较重。

11. 裂叶牵牛　裂叶牵牛是旋花科，牵牛属，一年生缠绕草本。在我国除东北、西北外都有分布。茎缠绕生长，上面有很多分枝；全株都生长着粗硬毛；叶互生，叶柄被毛；叶片宽卵形，有3裂，中裂片卵圆形，侧裂片三角形。花序有总花梗；萼片披针形；花冠漏斗状，白色、蓝紫色或紫红色。裂叶牵牛通常生长在田边、路旁、果园、山坡等处，是果园中的重要杂草。通常在每年的4~5月出苗，6~9月开花，7~10月结果。主要用种子繁殖。

12. 萹蓄　萹蓄又称地蓼、扁竹、猪牙菜，是蓼科，一年生草本植物。茎从植株基部分枝，匍匐生长或斜展，有沟纹。叶互生，叶片狭椭圆形或线状披针形。花遍布在全株的叶腋处，花梗比较短。萹蓄比较喜欢湿润的环境，通常生长在农田、荒地、路旁或林下湿地，是危害果园的重要杂草。一般每年2~4月出苗，5~9月开花、结果，通常用种子繁殖。

（四）化学农药使用与配比

1. 农药使用注意事项

（1）准确选择用药。选择哪些药品，首先要针对果树发生的病虫害种类，选用对其防治效果优良的农药品种，同时还要注意所选农药对果树安全无药害，或基本无药害；对人畜毒性小或基本无毒；对生态环境无污染或基本无污染的农药品种。

（2）适时用药。用药要适时、及时，要在病虫害预防期与初发生期使用，真正做到防重于治，以免病虫有可乘之机，造成危害。

（3）喷药彻底。喷药要细致、周密、不漏喷、不重复喷，以免防治不彻底，引起病虫害再度发展或造成药害。

（4）交替使用。农药使用时，切勿一种或几种农药混配连续使用，以免使病虫害产生抗药性，降低防治效果。

（5）阴雨天气要用烟雾剂熏烟或粉尘剂喷粉防治。不可使用水剂喷洒，以防湿度提高，为病害发生提供有利条件。

（6）浓度合理。农药使用浓度要合理，既要保障作物的安全，不发生药害，又能有效地消灭病虫草害，严禁不经试验，随意提高使用浓度，既增加了防治成本，又引起了药害现象发生，造成重大经济损失。

2.稀释方法 稀释农药时，通常使用两种方式来表示农药用量。

（1）百分比浓度表示法。百分比浓度是指农药的百分比含量。例如，40%超微多菌灵，是指药剂中含有40%的原药。再如配制0.1%的速克灵+2，4-D药液蘸果树花，以提高坐果率。是指药液中含有0.1%的速克灵原药。用50%的速克灵配0.5kg药液，需用量计算公式如下：

使用浓度 ×用水量 =原药克数 ×原药百分比含量。

计算如下：原药克数 =0.1% ×0.5kg ÷50% =1g。

称取1g50%速克灵，加入500g水中，搅拌均匀，即为0.1%的速克灵药液。

（2）倍数浓度表示法。倍数浓度是喷洒农药时经常采用的一种表示方法。所谓 ××倍，是指水的用量为药品用量的 ××倍。配制时，可用下列公式计算：

使用倍数 ×药品量 =稀释后的药液量。

例如，配制25kg3000倍天达恶霉灵药液，需用天达恶霉灵药粉约8.3g。

3000 ×药品量 =25kg。

药品量 =25 ×1000 ÷3000=0.0083333kg。

0.0083333 ×1000=8.3333g。

复习思考题

1.怎样做好母株的选择与培育？

2.怎样做好留种园的田间管理？

3.怎样做好果苗的移栽？

4.什么是果树的贮藏营养？

5.果树病虫草害有什么特征？

第三章 高级工技能操作要求

第一节 果苗移栽

一、果树育苗

（一）**建立苗圃** 育苗首先要建立苗圃。有了好的苗圃，才有可能培育出健壮的苗木，满足生产发展的需要。

苗圃地土层要深厚，一般以沙质壤土较好。地势应选择背风向阳、日照好、稍有坡度的开阔地，地下水位低。水利条件好，排灌方便。整地时土壤要深翻，有利于蓄水保墒和根系生长。施足腐熟的农家有机肥作基肥。做好高畦，畦宽一般以人在沟中，伸手能够到畦中间为好；沟宽以人操作时行走方便为宜。

（二）**培育果苗** 果苗类型有实生苗、自根苗和嫁接苗等。实生苗具有生长旺盛、根系发达、寿命较长，且种子来源广泛，易于大量繁殖，对环境适应性强等特点；用作繁殖材料时来源丰富，方法简便，成本低廉。自根苗的特点是能保持母本优良特性，变异性小，苗木生长整齐一致，结果早，繁殖方法简便。但无主根，根系较浅，苗木生活力较差，对环境的适应性，抗逆性不如实生苗，寿命较短。育苗时需要大量繁殖材料，繁殖系数较低。繁殖方法简单，应用广泛，但较费工。嫁接苗能保持母树的优良性状，适应性强，结果年龄早，在果树栽培上普遍应用。根据果树不同种类和品种，采取不同的育苗形式。

（三）**田间管理** 实生苗种子萌发出土和幼苗期需要足够的水分供应，在生长期结合灌水进行土壤追肥1~2次。还可结合防治病虫喷药进行叶面喷肥。

同时做好间苗与移苗工作。

自根苗发芽前要保持一定的温度和湿度。灌溉或下雨后，应即时松土、除草，防止土壤板结，减少养分和水分消耗。成活后一般只保留1个新梢，其余及时抹去。生长期追肥1~2次，促进幼苗旺盛生长。新梢长到一定高度进行摘心，使其充实，提高苗木质量。

嫁接苗在嫁接后10~15d即可检查是否成活，同时进行松绑或解绑。芽接成活后，剪去接芽上方砧木部分或残桩。嫁接未成活的，要及时补接。补接一般结合查成活、剪砧、解绑同时进行。

苗木新梢长出后，生长前期要满足肥水供应，并适时中耕除草；生长后期适当控制肥水，防止旺长，使枝条充实。同时注意防治病虫害，保证苗木正常生长。

二、制定果苗移栽技术指导书

技术指导书是用于指导果农在果苗移栽时如何操作的技术资料。果苗移栽是果树生产的基础，因此，移栽前认真准备好技术指导书事关重要。

（一）技术指导书的主要要素　技术指导书一般包括以下几部分。

1. 指导目标　说明本次果苗移栽希望达到的目标。

2. 指导内容　说明指导书的具体内容和要求等，在技术指导书撰写过程中，这一部分内容能量化的指标尽可能量化。

3. 预期效果　说明果苗移栽结束时所达到的效果。

（二）技术指导书的主要内容　技术指导书通常由标题、正文、落款3部分内容构成。

1. 标题　制作技术指导书的标题通常有3种方法：第一种是二要素法，即"实施的内容＋文种"，如"杨梅苗移栽技术要求"。第二种是三要素法，即"制作单位＋实施的内容＋文种"，如"金华市葡萄移栽技术指导意见"。第三种是四要素法，即"制文时间＋制作单位＋实施的内容＋文种"，如"2014年杭州市草莓移栽技术指导书"。

2. 正文　培训方案的正文一般分前言、主体、结尾3部分。

（1）前言。要写明制作果苗移栽技术指导书的目的和依据，要求写得简明扼要。一般先写制作的目的，常用"为""为了"开头；然后说明制作的依据，常用习惯语"根据……制定本移栽技术指导书"结束。以简明扼要的一段话把制订果苗移栽技术指导书的目的和依据非常清楚、明确地表达出来。

（2）主体。主体部分是技术指导书的主要内容，一般包括：一是介绍目前在果苗移栽中存在的主要问题；二是根据存在问题，介绍推广应用的新技术的技术特点；三是对新技术作系统的讲解。这部分的内容要求具体明确，具有很强的可操作性。

（3）结尾。结尾部分通常是对所提出的移栽技术的推广提出明确的要求，要写得简明扼要。

3.落款　在正文右下角写上制作单位的名称和日期。如果标题中写明制作单位的，可以省略不写，直接写日期。

第二节　果园管理

一、果园耕作与覆草

（一）**果园耕作**　果园耕作，一般以深翻为主，每年进行1～2次，常以夏季和冬季为多。深翻时尽量保护1cm以上的粗根。

1.**夏季深翻**　夏季深翻一般于6月中旬至7月上旬，平地果园深挖20～30cm，丘陵山地在梯地内侧和株间深挖35～40cm，长度与宽度依园地而定。深翻时，先将表土、心土分开；分层回填时，先将表土拌生肥填入沟或穴内，后将腐熟肥料和心土填于上层，经压实后，需高于畦面20cm，以防积水。

2.**冬季深翻**　冬季深翻于采果后至寒害防临前，结合施有机肥料进行，利于保温。一般深挖25～35cm，幼年果园深些，成年果园浅些。操作时，应顺根的伸展方向进行，以减少伤根，促生新根。

3.**扩穴**　每1～2年一次，使根长得深而广。即在原来的种植穴外再挖深、宽各80cm左右的沟，并施入各种有机肥50～100kg，新挖的穴沟要有出口处，不致造成积水烂根。

4.**加培客土**　能增厚土层，保暖防冻，保湿护根，每年可进行1～2次。冬季应在小雪前每株加土150～200kg；夏秋季应在台风、暴雨后培土覆盖外露根系。培土时沙性果园加黏土，黏重果园加沙土，海涂果园加内地淡土，山地果园多加河塘泥土，可以改善土壤理化性状及土壤微生物活动。

（二）**果园覆草**

1.**套种绿肥**　多种绿肥，可以增加土壤有机质。如豇豆、绿豆等夏季绿肥在3～4月播种，6月底前结合深翻埋入；果树封行以前，在株行距的空地上间作绿肥、豆类、瓜类和蔬菜等矮生作物，以园养园，以短养长，增加果园早期经济收入和肥源。豌豆、紫云英等冬季绿肥，于9～10月播种，翌年3月间翻埋。

2.**计划生草**　对于不能套种绿肥的果园，提倡计划生草。即在3～6月和6～11月留草，在7～8月高温干旱来临前割草或化学除草覆盖全园。草种宜选择易生长、草量多、浅根、矮秆，并有利于天敌活动的草种。秋季多台风暴雨或干旱少雨时，应以树盘覆盖稻草和杂草为主，厚度 10~20cm，以保温保暖、防流失、防冻。

二、果园施肥

（一）土壤施肥的依据　植物生长发育受到许多条件的限制和影响。为了供给养分，都必须向土壤施用肥料。在促进有益微生物的增长和限制有害微生物的活动方面，施肥也是最简单而有效的方法。所以施肥是恢复土壤里的养料贮藏量，创造丰产的物质条件、改良土壤性质的有效方法。在进行土壤施肥时必须以下面5个方面为依据。

1.果树的营养特性与施肥　施肥的对象主要是果树，因此施肥首先要考虑果树的营养特性。

（1）不同的果树对肥料的需求也不同，一般苹果、梨、桃等果树需要的肥料较少，而柑橘、葡萄等果树需肥量大。如葡萄要形成 100kg 产量需要从土中吸取 0.75kg 的氮（N）、0.3kg 的磷（P_2O_5）、0.7kg 的钾（K_2O）；而生产 100kg 的桃仅需要 0.25kg 的氮（N）、0.1kg 的磷（P_2O_5）、0.3~0.35kg 的钾（K_2O）（见下表）。

表　不同果树所需氮、磷、钾的比例

果树种类	每生产100kg 果实所需氮、磷、钾的量			氮：磷：钾
	纯氮（kg）	五氧化二磷（kg）	氧化钾（kg）	
苹果	0.7	0.35	0.7	2：1：2
葡萄	0.75	0.3	0.75	5：2：5
桃	0.25	0.1	0.3~0.35	10：4.5：15
李	0.7~1.2	0.4~0.5	0.6~1	1：0.5：1

（2）一般在果树各个物候期的需肥特性有以下几种。

花前追肥，一般在4月中下旬果树萌芽前后进行，可促进果树萌芽整齐一致，有利于授粉，提高坐果率，肥料以氮肥为主，适量加施硼肥。

花后追肥，一般在5月中下旬落花后进行，可加强果树营养生长，减少生理落果，增大果实，这个时候的肥料也以氮肥为主，适量配施磷、钾肥。

催果肥，一般在6月果实膨大和花芽分化期进行，可促进果树果实膨大、花芽分化及枝条成熟，肥料以氮、磷、钾肥配合追施。

果实后期施肥，也就是在果实着色到成熟前的两周进行，补充果树由于结实造成的营养亏缺，并满足花芽分化所需要的大量营养，追肥以氮、磷、钾配合施用效果为佳。

（3）一般幼树、旺树需要肥量较少；大树、结果多的树需肥量大。试验表明，幼树期间氮、磷、钾的施肥比例一般为2：2：1或1：2：1，结果期间的比例是2：1：2。

2．土壤性质与施肥　一般对于质地黏重的土壤，地温常偏低，对幼苗的生长不利，应该注意苗期施肥；对沙性强的土壤，因为其质地较轻，保肥性差，故施肥应少量多次进行。磷肥施在土壤肥力中等或偏下的地块上，增产潜力大，增产效果显著。施肥时还应考虑土壤的性质和肥料的品种。在石灰性土壤中，pH值中性偏碱，施用磷肥应选择过磷酸钙、重过磷酸钙等水溶性磷肥品种；在酸性土壤上施用磷矿粉，可逐步释放养分而不致发生固定；在盐碱地区，一般不施用硝酸钠和氯化铵，钠、氯离子会增加土壤的盐碱危害。

土壤中水分的多少，也与肥效的发挥程度有关。水分太少，化学肥料不能溶解，就不起作用，有机肥料没有水也不分解，不能供给作物所需的养分。土壤水分少，化学肥料用量多，易使溶液太浓，烧伤根系，反而有害；水分太多，养分容易流失。

3．肥料性质与施肥　在对果树施肥时，必须考虑肥料的性质及其在土壤里的变化，也就是土壤和肥料的相互关系。

（1）肥料在土壤中的移动性与施肥的关系。肥料施在土里后肥料的水溶性成分溶解，使土壤溶液的浓度和成分发生变化。这些肥料成分有的能被土壤吸收，不随水流动，像硫酸铵的铵、氯化钾的钾；有的不被土壤吸收，随水移动，像硝酸铵的硝酸、氯化钾的氯；易流失的不宜灌大水，像硝酸铵，在施肥后灌上大水，硝酸就流失掉。

（2）土壤与肥料的相互作用。一是土壤对肥料的影响。首先是土壤吸收、保存养分的能力大小。细的土壤，像黏土，吸收力很强；粗的沙土吸收力很弱。有机质多的，吸收力强，有机质少的，吸收力弱。吸收力强的土壤一次施肥多点，也能够保存，吸收力弱的土壤，施肥多时却有流失的危险。其次是土壤的酸碱性对肥料也有很大的影响。有的肥料能溶于酸但不溶于水，这类肥料有骨粉、磷矿粉、钙镁磷肥等。在酸性土壤里，这种肥料能够慢慢溶解，供给果树吸收。在碱性土壤和石灰性土壤里，这种肥料就不能溶解，因而也就没有效果或是效果很小。二是肥料对土壤的影响。像氨水、草木灰这类碱性肥料能使土壤变成碱性。粉状过磷酸钙能使土壤暂时局部变酸。硫酸铵、氯化钾等被植物吸收铵和钾以后，剩下硫酸根和氯根，也会使土壤变成酸性。腐熟好的有机肥料施在沙土里，就能够增加沙土的保水、保肥性，同时增加土壤的养分，改善土性。

4．气候条件与施肥　如在高温多雨季节，果树生长迅速，对养分的需求量大，此时应控制氮肥的施用量，以免造成新梢徒长。在选择肥料品种时，应该避免施用硝态氮肥，以防因降水过多氮肥随地表径流流失，造成养分损失，或进入地下水造成水质污染。在高寒地区，增施磷、钾肥，提高果树的抗寒性很有好处。

5. 农业技术措施与施肥　农业技术措施与肥效密切相关。农业技术措施能使肥料的作用充分发挥。中耕不仅可以改变土壤的理化性状和微生物活动，并且能影响土壤的环境条件，促进土壤养分的分解，调节土壤养分的供应状况，而且还能促进和控制果树根系的伸展和对土壤中养分的吸收能力。良好的灌溉条件可以大大提高肥效，充分发挥肥料的增产效果。合理的土壤管理方式不仅可以促进土壤中养分数量的增加，养分构成的比例也将发生变化；合理的化肥施用可以促进果树的个体生长健壮，增强抗逆能力。

（二）土壤施肥的深度和广度　土壤施肥的深度和广度与树种、品种、树龄、砧木、土壤和肥料种类等条件有关。如苹果、梨等果树的根系强大，分布范围深而广，施肥宜深，范围也要大些。桃、凤梨等果树根系较浅，分布范围也较小；矮生果树和矮化砧木，根系分布更浅，分布范围也较小，以浅施、分布范围小为宜。随着树龄的增大、根系的扩展，施肥的范围和深度也要逐年加深和扩大。

各元素在土壤中的移动性不同，施肥的深度也不一样。如氮肥在土壤中的移动性强，即使薄施，也可渗透到根系分布层内，被果树吸收利用。钾肥移动性较差，一般磷、钾肥宜深施，尤其磷肥宜施在根系集中的分布层内，才能利于根系吸收。另外，因磷肥在土壤中易被固定而影响果树吸收，为了充分发挥肥效，过磷酸钙或骨粉可与厩肥、堆肥、圈肥等有机肥料混合腐熟，这样施用效果较好。

三、果园灌溉

（一）果树对水分需求

1. 几种果树各生育阶段的适宜土壤水分　梨树的生育期可分为花前期、花期、果实膨大期及成熟期。阶段需水量以果实膨大期最大。此期根、叶和果实均处于旺盛生长状态，缺水对产量的影响最大，是需水的关键期。梨树是耗水量较多的果树，因此各时期要求的水分状况较高。据试验资料表明，梨树各生育阶段的适宜土壤含水量为花前期71.2％，花期74.3％，果实膨大期75.3％。

葡萄生育期分为发芽期、抽穗展叶期、花期、果实膨大期和成熟期。葡萄发芽期需要较好的水分状况能保证花穗的良好分化和形成，对供水状况最为敏感，是需水关键期，土地含水量一搬要保持在田间持水量的70％~80％，其他时期适宜的土壤含水量则分别是：抽穗展叶期65％~75％，花期65％~80％，果实膨大期75％~85％，成熟期65％~70％。

2. 适用的微灌技术　最适用于果树的微灌技术主要有涌泉灌、滴灌、渗灌等。

（1）涌泉灌又名叫小管出流灌，被广泛地应用果树灌溉，此项技术是采用直径 4mm 的细管与毛管连接作为灌水器，以小股水流、射流形式局部灌溉作物根区土壤中，涌泉灌各级管通一般采用塑管，全部埋于果树空行的土壤里。只是最末级的细管出流口露出地表，在一棵树的地表根区附近出流，并辅以田间渗水沟控制水量分布。涌泉灌抗堵能力强，水质净化处理简单，操作简便，可以自动化施肥。

（2）滴灌是利用安装在未级管道上的滴头，孔口或与毛管一体的滴灌带作灌水器，适用于果树灌溉。一般一行果树铺一行滴灌毛管，一棵果树根据其大小绕树分布几个滴头。果树滴灌毛管都放在地表。滴灌具有省水、省工、可结合灌溉进行施用肥料和农药，便于自动化控制，适宜于一家一户条块田灌溉和用水计量收费。

（3）渗灌是渗水毛管埋于果园地表以下 30~40cm，压力水通过渗水毛管管壁的毛细孔，以渗流的形成湿润果树根系附近土壤，与涌泉灌和滴灌相比，渗灌更加节水节能，灌溉水直接送到作物根区，地表基本干燥，果树棵间蒸发很少，水的利用率可达 95% 以上。同时不破坏土壤结构，方便耕作和克服塑管地表铺设易老化的问题，值得推广应用。

（二）土壤水分

1. 土壤水分的形态　土壤水分，是保持在土壤孔隙中的水分，又称土壤湿度。主要来源是大气降水和灌溉水，此外尚有近地面水气的凝结、地下水位上升及土壤矿物质中的水分。

土壤水分依其物理形态可分为固态、气态及液态 3 种，在一定条件下，三者可以相互转化。固态水只有在土壤冻结时才存在；气态水是存在于土壤孔隙中的水汽，含量很少；液态水是土壤水分的主要形态，与作物生长发育最为密切。液态水按其运动特性又可分为吸湿水、膜状水和毛管水。

2. 土壤含水量的测定和表示方法　土壤水分的含水量可以用以下几种方法表示。

（1）土壤水重量百分数：土壤中实际所含的水分重量占烘干土重量的百分数。即

$$W(\%)=\frac{W_1-W_2}{W_2}\times100$$

式中，$W(\%)$ 为土壤含水量（百分数）；W_1 为样土湿重；W_2 为样土烘干重。

（2）土壤水容积百分数：指土壤水分容积占单位土壤容积的百分数。即

$$W_容(\%)=\frac{W_1-W_2}{W_2/\text{P}}\times100$$

式中，$W_容(\%)$为土壤容积含水量（百分数）；P为土壤容重，即单位体积原状土体的干土重。土壤容积百分数与土壤重量百分数之间的关系通常用下式表示：

$$W_容(\%) = W(\%) \times P$$

（3）土壤水层厚度：指一定厚度土层内土壤水分的总贮量，即相当于一定土壤面积中，在一定土层厚度内有多少毫米厚的水层。即

$$W_厚 = H \times W(\%) \times P \times 10$$

式中，$W_厚$为土壤水层厚度；H为计算土层厚度；10为单位换算系数。

土壤水分的测定方法除烘干法外，尚有电阻、热扩散、负压计、电容、谐振电容、γ射线衰减、β射线衰减、中子扩散、压力膜等方法。现在常用势值或土壤水分特征曲线作为土壤水分的能量指标。

四、果树修剪

（一）果树整形修剪的基本原则　整形修剪的基本原则如下。

1. 因树修剪，随枝作形　指在整形时既要有树形要求，又要根据单株的不同情况灵活掌握，随枝就势，因势利导，诱导成形；做到有形不死，无形不乱。对于某一树形的要求，着重掌握树体高度、树冠大小、总的骨干枝数量、分布与从属关系、枝类的比例等。不同单株的修剪不必强求一致，避免死搬硬套、机械作形，修剪过重势必抑制生长，延迟结果。

2. 统筹兼顾，长短结合　指结果与长树要兼顾，对整形要从长计议，不要急于求成，既要有长远计划，又要有短期安排。幼树既要整好形，又要有利于早结果，做到生长和结果两不误。如果只强调树形，忽视早结果，不利于经济效益的提高，也不利于缓和树势。如果片面强调早丰产、多结果，会造成树体结构不良、骨架不牢，不利于以后产量的提高。盛果期也要兼顾生长与结果，要在高产、稳产、优质的基础上，加强营养生长，延长盛果期年限。

3. 以轻为主，轻重结合　指尽可能减轻修剪量，减少修剪对果树整体的抑制作用。尤其是幼树，适当轻剪，多留枝，有利于长树、扩大树冠、缓和树势，以达到早结果、早丰产的目的。修剪量过轻时，势必减少分枝和长枝数量，不利于整形；为了建造骨架，必须按整形要求对各级骨干枝进行修剪，以助其长势和控制结果，也只有这样才能培养牢固的骨架，并培养出各类枝组。对辅养枝要轻剪长放，促使其多形成花芽并提早结果。但轻剪必须在一定的生长势基础上进行。1~2年生幼树，要在促其发生足够数量的强旺枝条的前提下，才能轻剪长放，只有这样的轻剪长放，才能发生大量枝条，达到增加枝量的目的。树势过弱、长枝数量很少时的轻剪长放，不仅影响骨干枝的培养，而且枝条数量也不会迅速增加，影响结果。因此，定植后1~2年多

短截，促发分枝，为轻剪缓放创造条件，便成为早结果的关键。

（二）果树整形修剪的基本要求

1. **做好修剪前的准备与安排** 首先要调查了解果园的立地条件、管理水平、树体年龄、砧穗组合、树种规划、品种分布、栽植结构、目标树形以及前几年的修剪反应与存在问题等基本情况，研究好修剪计划与技术方案。一般是萌芽开花早的树种与品种先修剪，晚的后修剪；成年树先修剪，幼小树后修剪。为了保证修剪质量，应统一修剪原则和标准。修剪人员的鞋子必须是软底的，以免上树后踏伤树皮，引发病虫害；衣裤要求紧身结实而有扎带；手套以双层线织的为好，以便操作灵活；剪刀和手锯要事先整修磨快，以免造成不必要的伤皮；工具消毒剂、伤口保护剂及其刷具也要事先配置和准备好，以便随时涂用。

2. **养成先看后剪的习惯** 在修剪前要认真细致的观察树体，抓住主要矛盾，兼顾次要矛盾来进行重点调节。有经验的人往往是对树体先看后剪，先围绕树体转圈看，通过在不同的方位观察树冠骨架结构和结果枝组的分布情况，找出树体在整形修剪的原则要求上所存在的主要问题，然后针对这些情况，决定技术方案及其操作程序。

3. **有次序按步骤地进行修剪操作** 为了保证修剪质量和提高工作效率，在修剪操作上必须是有条不紊的按步骤进行，而不能东一剪，西一刀，随意乱剪。

4. **修剪要认真细致，保证质量** 严格来说，要从整形修剪上为树体打下早产、高产、优质、稳产的良好基础，兼顾眼前与长远的综合利益，必须认真对待和慎重处理任何一个枝条。每一剪刀都应该仔细琢磨，有依有据。在技术方法上及其使用的程度上都必须做到正确合理，不轻不重，恰如其分，恰到好处。绝不可草率从事，马虎图快，只顾剪树数量，不顾修剪质量。

5. **修剪要连续到底，意图明确** 为了便于检查，在修剪时，一般是按人分树，以行定人，而不能东一株，西一枝，随意乱剪。由于人与人之间在修剪思路上都有一定差异，所以无论如何都应争取把自己修剪过的树一次剪完，不能半途而废，把没修剪完的树扔给别人收拾扫尾。要使果树成形快、结果早和长期优质丰产，必须在幼树期每年连续不断地按目标树形的结构进行整枝修剪，不可采取隔年修剪和随枝作形的方法。

6. **防止病虫害传播** 修剪时对带有病虫的枝条一般都应剪除或刮治，并立即集中烧毁或拿离园地。同时，对作业后的修剪工具也要严格进行消毒后才可移到其他枝条上修剪使用，其目的是防止病虫害继续传播蔓延。对修剪所造成的较大伤口，也需要及时加以消毒保护，其作用除控制病虫从伤口侵入树体外，还可以减少蒸腾失水，促进伤口愈合。

五、水果采摘

（一）果实采摘时期 采摘期的早晚对果品产量、品质以及贮藏有很大的影响，采摘过早，果品产量低，品质差，耐贮性也差；采摘过晚，果肉松软发绵，降低贮运力，减少树体贮藏营养的积累，容易发生大小年现象和减弱树体的越冬能力。因此，正确确定果实的成熟度，适时采摘，才能获得高产量、优质和耐贮藏的果品。

采收期的确定，一是根据果实的成熟度，二是根据市场需求及贮藏、运输、加工的需要，三是根据劳动力的安排、栽培管理水平、树种和品种特性以及气候条件等因素。有些品种，同一树体果实的成熟期很不一致，应分期采收。树体衰弱、粗放管理和病虫为害而早期落叶的，必须提早采收，以免影响树体越冬能力。

1.成熟度的划分 根据不同的用途，果实成熟度一般可分为3种。

（1）可采成熟度。果实大小已定型，果实应有的风味和香气还没有充分表现出来，肉质硬，适于贮运和制罐、蜜加工。

（2）食用成熟度。果实已经成熟，并表现出应有的风味和香气，内部化学成分和营养物质已经达到该品种的相对固定值，风味最好。在此成熟期采摘的果实适合在当地销售，不易长途运输或长期贮藏。适用于制作果汁、果酱、果酒。

（3）生理成熟度。因果实类型不同而有差别，水果类果实在生理上已经达到充分成熟阶段，果实肉质疏松，种子充分成熟。果实内化合物的水解作用加强，风味变淡，营养价值降低，不宜食用，更不耐贮运，多做采种用。食用种子的板栗、核桃等干果，此时采摘，种子粒大，种仁饱满，营养价值高，品质最佳，播种出苗率高。

2.成熟度的判断 成熟度可按下述标准判定。

（1）果实的色泽。各种果实成熟时都有该品种果实固有的色泽特征，判断成熟度的色泽指标一般是由绿变黄的果实底色为依据，不同种类、品种间有差异，但一般皮色是由深变浅、由绿转黄。目前，生产上主要是根据果实的着色情况来判定采收时间，但因果实着色受日照影响较大，所以判断成熟度也不能全凭果面颜色。

（2）果实硬度。未成熟的果实坚硬，随着果实的成熟，原来不溶解的原果胶变成可溶性的果胶，果实硬度逐渐降低。因此，根据果实硬度的变化，也可判断果实的成熟度。果实硬度虽有参考价值，但准确度不高，因不同年份同一成熟度果实硬度有一定的变化。若根据果实硬度确定果实的成熟度，必须先掌握其变化规律。

（3）果实的生长天数。在同一环境条件下，各品种从盛花期到某种成熟度所经历的在数是比较稳定的。因此，根据果实的生长天数来预定采收期，也是生产上常用的方法。但这只是一个参考数字，实际上还要根据各地气候变化（主要是花后的温度）、肥水管理及树势旺衰等条件来确定。

此外，还可以通过果实的含糖量、果实脱落的难易程度等方法来判定果实的成熟度。实际上判断果实成熟度的方法是综合性的，不能单靠某一种方法，而应将以上几种方法综合起来，参考往年的经验和根据对果品的利用情况，才能对果实成熟度有较正确的判断。

（二）采摘技术

1.人工采摘　在人工采摘过程中，应防止一切机械伤害，如指甲伤、碰伤、擦伤、压伤等。果实有了伤口，微生物极易侵入，会促进呼吸作用，降低耐贮性。此外，还要防止折断果枝、碰掉花芽和叶芽，影响次年的产量。果柄与果枝容易分离的仁果类、核果类果实，可以直接用手采摘。采时要防止果柄掉落，因为无柄的果实不仅果品等级下降，而且也不耐贮藏。果柄与果枝结合比较牢固的（如葡萄等），可用剪刀剪取。采摘时，应按先下后上、先外后内的顺序采摘，以免碰落其他果实，造成损失。

为了保证果实应有的品质，在采摘过程中，一定要尽量使果实完整无损，采果、捡果要轻拿轻放；供采果用的筐（篓）或箱内部应垫蒲包、麻袋片等软物；应减少换筐次数；运输过程中防止挤、压、抛、碰、撞。

2.化学采收　对山楂、枣等果实小、采收费工的果树，过去多用棍棒敲打的办法，以加快采收进程，但用此法采收，枝叶损伤严重，果实品质下降。根据试验，采收前7~9d对山楂树喷施500~600mg/L的乙烯利水溶液催落山楂果实效果良好，大山楂催落率为68%~98%，落果率提高4~6倍，比人工敲打提高工效10倍左右。

3.机械采收　机械采收是提高劳动生产率的重要途径，但其问题比较复杂，如选果和采摘的方法、产品的收集、树叶或其他杂物的分离、装卸和运输以及保持质量等问题，现在还没有良好的解决办法。目前，国外在果实采收方面应用了振动法、台式机械法和地面拾取法，但在国内机械采收的应用还不多。

六、果树病虫害防治

（一）果树病害防治

1.霜霉病　防治措施有：覆膜避雨，保持枝、叶、果无自由水的干燥环境；保持架面枝、叶、果通风透光；多施有机肥和磷钾肥，少施或不施氮素化肥。农药防治。在5月下旬至6月上旬连喷农药2次；8月下旬至9月上旬再连喷农药2次，基本上可达到防治目的。防治农药有：100g/L氰霜唑悬浮剂、50％烯酰吗啉水分散粒剂、66.8％丙森·缬霉威可湿性粉剂、60％唑醚·代森联水分散粒剂等。

2.灰霉病　防治措施：在花前喷1~2次、幼小果期喷1次药剂防治。防治农药有：400g/L嘧霉胺悬浮剂、50％异菌脲可湿性粉剂、50％嘧菌环胺水分散粒剂、50％啶酰菌胺水分散粒剂等。

3.白腐病　物理防治：如地膜覆盖，可防止土壤中的病菌向上侵染。化学防治：5月中下旬在病菌侵染前对土壤进行消毒，以杀灭潜伏在土壤中的病菌。可用福美双1份，硫磺粉1份，碳酸钙2份，三者混合均匀后，每亩1~2kg，撒施于葡萄树冠下土面。谢花后，在幼果期喷1~2次50％福美双可湿性粉剂，或70％的甲基托布津可湿性粉剂，或75％百菌清悬浮剂。套纸袋，可兼治炭疽病。

4.缩叶病　防治方法：发现病叶，及时烧毁。萌芽前喷5波美度石硫合剂，或50％多菌灵可湿性粉剂，或50％代森锰锌可湿性粉剂，或70％甲基托布津可湿性粉剂，铲除越冬孢子，消灭初期侵染。萌芽后发病初期，可喷病毒清，可缓解缩叶病发生。

5.炭疽病　防治方法：冬季清园，将枯枝、病枝集中烧毁。加强栽培技术管理，提高树体抗病能力。药剂防治。萌芽前喷5波美度石硫合剂，发病重的园区，可在桃树开花前、谢花后和幼果期各喷药1次，药剂可选用10％苯醚甲环唑水分散粒剂、25％咪鲜胺乳油、40％腈菌唑可湿性粉剂、40％氟硅唑乳油等。

6.褐腐病　防治方法：剪除病枝、病叶、僵果、减少病原发生。萌芽前喷波美5°石硫合剂，花后结合其他病害防治，可喷65％代森锰锌可湿性粉剂，或70％甲基托布津可湿性粉剂，或40％菌核净可湿性粉剂，或75％百菌清悬浮剂。

7.疮痂病　防治方法：抓住初侵染前铲除越冬病原菌及初侵染期防治。具体方法有：晚秋初冬认真清扫落叶、清除病果、病枯枝，剪除病梢、病芽。发病初期及时摘除病花簇、病梢。增施有机肥和钾肥。改善梨园内通风透光条件，增强树势。花芽萌动前喷布5波美度石硫合剂或萌芽后花序伸出前喷布3波美度石硫合剂；花谢70％、新梢生长期、果实生长期及收获后各喷1次药剂。雨水多，上年发病较重的梨园，间隔时间应当缩短，增加1~2次防治。防治药剂有：80％代森锰锌可湿性粉剂、250g/L嘧菌酯悬浮剂、60％唑醚·代森联水分散粒剂、1:2:(200~240)式波尔多液等。

8.锈病　防治方法：切断侵染循环，在果园周围2500~5000m以内清除桧柏、龙柏等转主寄主，或在3月中旬降雨前向桧柏等喷布2~3波美度石硫合剂或1:1:160式波尔多液。药剂防治：果树展叶至开花前喷施1:2:（200~240）式波尔多液，或65%代森锌可湿性粉剂，或15%三唑酮可湿性粉剂；谢花后喷施15%三唑酮可湿性粉剂，或70%百菌清悬浮剂，或12.5%烯唑醇可湿性粉剂，或15%腈菌唑可湿性粉剂等。

9.轮纹病 防治方法：秋冬季结合清园，清除落叶、落果；刮除枝干老皮、病斑，用50倍402抗菌素消毒伤口；剪除病梢，集中烧毁。加强栽培管理，增强树势，提高树体抗病能力。芽萌动前喷布5波美度石硫合剂。4月下旬至5月上旬、6月中、下旬、7月中旬至8月上旬，每间隔10~15d喷1次杀菌剂，保护果实。药剂可用61%乙铝•锰锌可湿性粉剂、50%多菌灵可湿性粉剂、70%甲基托布津可湿性粉剂、1:（2~3）:200式波尔多液等。也可果实套袋，保护果实。

10.黑斑病 防治方法：在秋末初冬，彻底清扫落叶、落果，剪除病梢、病枝，修剪时使树冠内部通风透光。增施有机肥、钾肥和钙素，避免偏施氮肥；地势低洼的果园，做好排涝工作。休眠期至发芽前喷布波美5°石硫合剂，杀死枝干上越冬病菌；发芽后至开花前、落花后、幼果期喷施1:2:（200~240）式波尔多液，或65%代森锌可湿性粉剂，或50%异菌脲可湿性粉剂，或10%多氧霉素，每隔15d 1次。5月上旬果实套袋可有效防止病菌侵害果实。

11.溃疡病 防治方法：非疫区调入接穗、苗木时，应严格检疫。选择远离栽培区的地方建立无病苗圃，从无病健康母树上采穗育苗，种子用5%高锰酸钾液浸种15min，或用2%福尔马林液浸5min，再用清水冲洗干净。在各次新梢嫩叶展开，叶片刚转绿时和花谢后10d、30d各喷1次药，遇台风暴雨也应及时喷药保护。可选用0.5%~0.8%石灰倍量式波尔多液，或农用链霉素1000单位/毫升，或20%噻菌铜悬浮剂，或20%噻唑锌悬浮剂，或77%氢氧化铜可湿性粉剂。对罹病的夏秋梢应尽量剪除，集中烧毁。沿海柑橘园种植防风林，及时防治潜叶蛾、蜗牛等。控制氮肥，维持健壮树势。

12.病毒病 预防方法：引进或调运接穗、苗木时严格检疫。采用热处理与茎尖微芽嫁接技术脱除病原，隔离育苗。严格防治媒介昆虫柑橘木虱和蚜虫。挖除并烧毁病树，消毒土壤后再补植。对田间操作刀剪等工具，用10%的漂白粉液，或4%氢氧化钠加4%福尔马林的混合液浸渍1~2s，再用清水冲洗干净，可钝化病原。选用抗病、耐病的接穗和砧木，如对衰退病可选用枳、酸橘、粗柠檬等作砧木；对裂皮病、碎叶病应选用枳、枳橙以外的耐病砧木；对黄龙病可用抗病性较强的温州蜜柑、甜橙、柚子等品种。对黄龙病用盐酸四环素加压注射治疗，有效果。受裂皮病和碎叶病的轻病树，用枸头橙、酸橘等靠接换砧。

(二)果树害虫防治

1. **象鼻虫** 防治方法：人工捕捉：成虫忌光，常栖息于花、叶、果茂密处，可利用其假死性，于清晨露水未干前敲震树枝，以直径65cm左右的布兜或塑料兜盛接，集中杀死。摘除虫果，勤拾落果，及时销毁，消灭果内的卵和幼虫。冬季翻耕，消灭土内越冬成虫或幼虫。药剂防治：2月底3月初成虫将出土时，于地面喷40％辛硫磷，杀死出土成虫；成虫出土初期，即4月初喷90％晶体敌百虫，或80％敌敌畏乳油，或20％速灭杀丁乳油，或40％辛硫磷乳油，2.5％溴氰菊酯乳油均有效果。

2. **梨小食心虫** 防治方法：梨、桃、李果树不要混栽；秋季树干缚草诱虫，冬季刮除老翘皮收集、烧毁消灭越冬幼虫；5~6月及时剪除桃、李萎蔫新梢；成虫发生期用糖醋液(1份糖、4份醋、15~16份水)夜间诱蛾，每30~35m2挂1处糖醋液罐；或利用梨小性激素引诱剂诱杀雄虫(每50m挂1处)。各代产卵期喷药防治。可用25g/L高效氯氟氰菊酯乳油、苏云金杆菌悬浮剂、25g/L溴氰菊酯乳油等，15~20d 1次，共喷2~3次。果实套袋可以防治梨小食心虫。

3. **蚜虫** 防治方法：蚜虫大量孵化后，喷施10％吡虫啉可湿性粉剂，或3％啶虫脒乳油或20％啶虫脒可溶粉剂，或10％烯啶虫胺水剂等。早期摘除被害叶、嫩梢，集中消灭蚜虫。保护瓢虫、食蚜蝇、食蚜虻、小花蝽、蚜茧蜂、草蛉等天敌。虫口密度小时，不宜喷广谱性杀虫剂，以保护天敌。

4. **中国梨木虱** 防治方法：秋末早春清除果园枯枝落叶、杂草。刮老树皮，集中烧毁或深埋。越冬期和萌芽前(10月下旬至3月上旬)喷布3~5波美度石硫合剂，或50％灭蚧，或50％融杀蚧螨。第一代若虫出现集中时期，可选用以下药剂防治：10％吡虫啉可湿性粉剂，或5％氯氰菊酯乳油，或2.5％高效氯氰菊酯乳油防治。

5. **梨花网蝽** 防治方法：冬季清除园内落叶、杂草，刮除老粗翘皮集中烧毁；深翻土壤，压埋树下越冬成虫。越冬成虫出蛰上树时、第一代若虫期可用下列药剂防治：2.5％功夫菊酯乳油、20％杀灭菊酯乳油、5.7％百树菊酯乳油、80％敌敌畏乳油、50％杀螟松乳油等。

6. **刺蛾类** 防治方法：秋冬摘除、挖除虫茧。利用成虫趋光性，成虫盛发期点灯诱杀成虫。幼虫发生期选用下列药剂防治：25％灭幼脲3号悬浮剂、20％除虫脲悬浮剂、0.8％阿维菌素乳油、80％敌敌畏乳油、20％杀灭菊酯乳油、2.5％溴氰·菊酯乳油等。

7. **红蜘蛛** 防治方法：果园内生草或种植霍香蓟、大豆等植物，利于天敌栖息与繁殖。加强肥水管理，增强树势，促进被害叶片转绿，减轻危害。保护利用食螨瓢虫、捕食螨、六点蓟马、草蛉等红蜘蛛天敌。药剂防治须适时、合理。冬季用1.0~1.5波美度石硫合剂清园，发生期可选用73%炔螨特乳油、240g/L螺螨酯悬浮剂、110g/L乙螨唑悬浮剂、15%哒螨灵水乳剂或微乳剂、99%矿物油乳油等进行防治。

8. **柑橘锈壁虱**　防治方法：检查虫情，适时防治。可掌握在每一放大镜视野平均有虫2~3头时用药，隔6~7d连续防治2次。药剂可参考红蜘蛛。保护利用食螨瓢虫、捕食螨、蓟马、汤普逊多毛菌等天敌，加强肥水管理，结合修剪，使树冠通风透光，减少虫源。药剂防治同红蜘蛛。

9. **天牛类**　防治方法：在5~6月成虫活动盛期的晴天中午及午后捕捉成虫。成虫活动盛期用80%敌敌畏或40%乐果等，加适量水和黄泥拌匀成药液，或用生石灰20kg、硫黄2kg、水50kg，调制成白涂剂，涂抹主干，可毒杀成虫及初孵幼虫。6~8月间检查主干，刮除虫卵或幼虫（一般有泡沫状胶质）。树干基部发现有新鲜虫粪处，可用钢丝钩杀幼虫，或掏尽虫粪后，用脱脂棉沾80%敌敌畏乳油塞入洞内毒杀，用泥浆封住洞口。

10. **卷叶蛾类**　防治方法：清除田间杂草，剪除虫枝，消灭越冬幼虫和蛹，减少越冬虫口基数。人工摘除卵块、幼虫及蛹时，要结合保护利用天敌。在橘园内设置糖酒醋诱捕器（红糖1份、黄酒2份、醋1份、水6份），可诱杀成虫。在幼虫盛发期，可用化学农药进行防治。可选用90%晶体敌百虫，或80%敌敌畏乳油，或2.5%溴氰菊酯乳油，或20%杀灭菊酯乳油，或10%氯氰菊酯乳油等。

11. **蓑蛾类**　防治方法：及时人工摘除虫囊。幼虫危害初期较集中，容易发现，便于人工摘除。冬季结合修剪，剪除越冬幼虫护囊，集中消灭。在幼虫孵化盛期和幼龄幼虫期，喷施5%高效氯氰菊酯乳油，或2.5%功夫乳油，全树冠各部喷淋为度。也可喷洒每克含100亿个孢子的青虫菌粉剂1000倍液。

12. **主要地下害虫**　防治方法：及时清除园内杂草，集中烧毁。春夏季多次浅耕，消灭杂草上和土壤中的虫卵和幼虫。人工捕杀。利用成虫的趋光性，在成虫期用灯光诱杀；在受害株附近，挖出地老虎和蛴螬将幼虫消灭。撒毒饵防治。用90%晶体敌百虫50g对水1~1.5kg，拌入炒香的麦麸或豆饼2.5~3kg，或拌入切碎的鲜菜叶、鲜草10kg后撒施。生长期间用50%辛硫磷乳油，或90%晶体敌百虫灌垄、灌根。锐劲特颗粒剂撒于土壤中杀虫。

（三）果树草害防治　果园中常年都有杂草的发生，除人工种植的牧草外，绝大多数杂草都不利于果树的生长和果实品质的提高。果园杂草的防除，见效快、效果好的还是化学除草法。

1. **春季茎叶喷雾处理**　4~5月，当果园杂草长到5~6片叶，高度10~15cm时，要抓住杂草开花结籽前这段时间施药。用20%百草枯水剂或

41%草甘膦异丙胺盐水剂，对水均匀喷洒在杂草的茎叶上，可以起到很好的除草效果。

2.夏季土壤封闭处理 6月中旬至7月中下旬，是果园杂草的发生高峰期，可用50%乙草胺乳油加40%阿特拉津可湿性粉剂，对水均匀地喷洒在果园的土壤表面，可以有效地防除一年生杂草。

3.秋季茎叶喷雾处理 9月下旬，可用12.5%氟吡甲禾灵乳油，对水均匀喷洒在杂草的茎叶上，不仅可以防除一年生杂草，而且可以防除多年生杂草。

第三节 果园改造与更新

一、果园改土

果园改造与更新技术中重要的一环就是改良土壤。

（一）深翻土壤 深翻后土壤中的水分和空气条件得到改善，土壤中的微生物数量增加，从而提高了土壤的熟化程度，使难溶性营养物质转化为可溶性养分，相应地提高了土壤肥力。

深翻深度与地区、土质、树种等有关，一般应稍深于果树主要根系分布层，以60~100cm为宜。黏性土壤深翻深度应较深，沙质土壤可适当浅些；地下水位低，土层厚、深根性果树宜深翻，反之则浅。果园下层为半风化的岩石、沙砾时，深翻深度应加深。下层有黄泥土、白干土时，深翻深度则以打破该土层为宜，以利渗水。常用的深翻方法有以下几种。

1.扩穴深翻 幼树定植成活后，开始自定植穴，外缘每年向外扩展60~100cm，并深翻60~100cm。结合施基肥，每年或隔年逐渐向外扩大树盘，把其中的沙石、劣土掏出，回填好土和有机质，直至全园翻过为止。

扩穴深翻每次用工较少，适用于面积大、劳动力较少的果园。但每次翻土面积较小，需3~4年才能完成。

2.隔行或隔株深翻 隔行或隔株深翻适用于大面积的果园，如果分两次深翻，每次伤根较少，对果树生长有利，也便于机械化操作。

3.全园深翻 除树盘下的土壤不翻外，二次全面深翻完毕。这种方法一次动土量大，需要劳力较多，但翻后便于平整土地，有利于果园操作。

（二）改良土壤

1.客土掺沙 客土掺沙的方法是把土或沙均匀分布全园，经过耕作把所压的土或沙与原来的土壤逐步混合起来。客土掺沙视果树大小、土源或沙源、劳力等条件而定。沙地果园常压黏土或黄泥土；黏重土壤则应压沙土；山区薄地可就地取材，压半风化的片麻岩，如果压草皮效果更好。压黏土或压沙土以后，要进行果园翻耕，使黏土和沙土充分混合，提高效果；山地果园要结合修梯田、等高撩壕和挖鱼鳞坑等多种途径开展土壤改良工程。

2. **扩穴改土** 扩穴改土是果园土壤全面熟化的重要措施，可在果园定植2~3年后的成年树园进行。在树冠滴水线以外挖长、宽、深为100cm×80cm×60cm的深沟，分层压杂草或绿肥20kg以上，或土杂肥100kg以上，饼肥2~5kg，钙镁磷肥1~2kg，石灰1~2kg。扩穴改土位置应逐年外移，方法为行间或株间分次交错，沿定植穴外挖沟扩穴，做到新沟套旧沟，不留隔墙，直至全面熟化扩穴。

3. **客土改土** 有计划地客土改土以加厚土层，保护根系，增加土壤养分。改客土时间最好在高温干旱季节前进行，以利于改土、保土、降温、防旱、护根。客土材料可就地取材，如塘泥、沟泥、草皮土、菜园土等，应根据果园土质选择培土材料，以利于改善土壤理化性状，幼龄果园每株客土100~200kg，成年果园每株500~600kg，增于根盘周围。

4. **施肥改土** 一般低产果园的基础肥力较低，氮、磷、钾营养贫乏，锌、镁、硼等元素日显不足。因此，应根据作物需肥规律和土壤供肥特性及肥料效应，在增施有机肥的基础上，合理配施化肥，以提高土壤养分。

二、老果园改造与更新

（一）重新培养树冠 老果园的衰老期果树常常会出现大量的枝组、枝干和根系不断地衰弱死亡等现象，从而带来枝叶多、病虫多、费工多、好果少的问题。所以，对衰老树进行修剪的总目标应是提高枝、芽、叶、果的质量，重新培养树冠，延长树体的寿命。

1. **树形变换** 衰老树的中心干应继续下落回缩，降低树高。对角度比较直立和分枝生长量较大的树种、品种类型，可将分层的树形压缩成单层开心形。对角度比较开张和分枝量较小的树种、品种类型，则可将分层的树形把第二层主枝以留后部的更新枝压缩掉一半，或者用下位层间的辅养枝代替，形成单层"凸"字形，不分层的树形则改造为延迟开心形。

2. **修剪原则** 衰老树的树体营养差，消耗大，枝条普遍衰老；所以修剪上应以更新复壮为主，坚持结果服从更新的原则。具体应掌握"以控为主，促控结合"和"以重为主，轻重结合"的原则。

3. **修剪时期与步骤**

（1）修剪时期。衰老树的更新修剪，实际上应在衰老期来临之前的结果后期及早进行。在树体明显发生衰老之后进行更新，树体恢复慢，对产量影响较大。

（2）修剪步骤。老树更新时，可按以下步骤进行修剪操作。

①中心干继续留"跟枝"下落，并收缩外围，形成单层开心形、延迟开心形或单层"凸"字形。这样去除或回缩上部所有主枝，有利于下部主枝的恢复生长，并能从根本上彻底改善树冠的通风透光条件。

②对计划回缩的多年生老弱枝干和枝条，事先在回缩的部位通过环缢、环剥或环刻方法促其下部发新枝，并选一个位置和姿势比较合适的作为更新预备的带头枝进行培养，其余枝培养为新的结果枝组。

③是对下部已有新生预备带头枝的多年生老弱枝干和枝条，有计划地进行回缩，并做好其伤口的消毒和保护。

④对一般衰弱性的枝组，留上枝上芽和壮枝壮芽当头重截回缩，以促发新枝。

⑤适时疏芽疏果，尤其在冬剪时要按比例疏留花芽，合理控制树体的负载量。

⑥结合深翻改土与施肥措施，截断老根，促发新根。

(二)果园施肥 老果园老树更新宜看树施花蕾肥；多花树、衰弱树则必须掌握在4月中旬至5月下旬施用。肥料以速效氮肥为主，占全年施肥量的5%左右。与此同时，结合病虫防治，用0.3%尿素加0.2%磷酸二氢钾混合液进行根外追肥2~3次。老树更新后的结果母枝是以早秋梢为主，故应重施"大暑"前肥，猛攻秋梢抽发，其施肥量占全年施肥量的40%~60%；春肥和采果肥分别占全年施肥量的20%~25%和30%左右。同时严格控制速效氮肥用量，以抑制夏梢、晚秋梢和"白露梢"的抽发。还可通过根外追肥，使老树边抽梢、边结果，枝叶茂盛，老树"还童"。

三、低产果园改造

(一)高接法改良

1.嫁接时期 高接比一年生小苗嫁接延迟10~15d，浙江杭州、余姚、黄岩等地的高接适宜时期，在4月上中旬进行，往南地区宜相应提早，往北则相应延迟。

高接用的接穗需在萌芽前剪取，以免接穗萌芽后剪取影响高接成活率。如果无法知道嫁接的适宜时间，只要观察离地1.5m处，高接部位的芽刚开始萌芽，而剪下接穗尚未开始萌芽时，则高接成活率最高。但只要树液已开始流动即为高接适期，这时接穗可随采随接。

2.嫁接方法 果树高接方法以切接、切腹接及皮下接为主。接穗按切接法将长削面剥去皮层，短削面同切接法。然后在砧木上以同样的宽度切(剥)开皮层往下拉，然后将接穗贴到砧木上以后，再把皮层盖回来。有的不将皮层切开往下拉，仅在砧木切断面将木质部与韧皮部之间挑开一个小缝隙，再把准备好的接穗用力往下插入，再用薄膜来包扎。1个砧木可接1~2个接穗。

5~8年生青壮年树的嫁接口数随树冠大小而定，一般为3~20个。一般一次性高接比分次高接，接穗生长旺盛，树冠恢复也快。成年树或老衰树高接更新时，当树干直径超过25cm以上，因树龄大，愈合能力弱，高接不易成活故要先更新后高接。其方法是先在距地30~35cm处锯去大枝，让隐芽萌发抽枝，选留3~4个枝条任其生长外，疏去过多的萌蘖枝，2~3年后枝径超过2cm以上时再行高接。

3.高接后的管理　4月高接，6月上旬接穗开始萌发，当新梢长至3cm左右时，用刀挑破薄膜顶端，让新梢伸出膜外生长，待梢长达20cm时，才可解除包扎物和薄膜，最好至9月以后才可完全解膜，枝长超过30cm时，应及时摘心，促发侧枝。因新枝生长旺盛，易被风折，应立支柱扶持向上。

此外，随着接穗的生长，枝干上的隐芽陆续萌发，应及时除萌。对接穗枯死枝旁的萌枝，选粗壮的留1~2个以供翌年补接。

(二)不同类型树的改造

1.旺长树　土层深厚的肥沃地上种植的果树，任其自然生长，有些会出现营养生长过旺，树体营养大多消耗在枝叶生长上，导致花芽形成少或难以形成，树体进入结果期迟或产量很低。可实行控制施肥、断根、大型枝梢进行螺纹状环割或倒贴皮处理。也可在10月下旬至翌年3月中旬，树盘下根施多效唑。

2.混生林低产树　果树树体受周围混生树木过多、过高、过密的影响，通风透光条件差而导致产量低下。应适当疏伐混生林木，改善通风透光条件。如毛竹由于鞭根发生力强，将严重影响是果树地根系生长，故不宜与果树混生，必须将其全部清除。

3.小老树　果树定植时基础差，根系生长欠佳，以及由于病虫害或灾害性气候的影响，导致树体生长衰弱，树矮，树冠小，发枝力弱，结果少，这种树称为小老树。

改造措施可采取：一是改良土壤，深耕扩穴，多施有机肥，加培客土，以增加土壤有机质，促进土壤形成团粒结构，以提高土壤保肥蓄水能力，促进根系和树冠发育。二是骨干枝重短截，促进隐芽萌发，同时配合施用适量的速效性氮、钾肥，促进树冠的形成。

4.衰老树　果树寿命较长，一般肥培管理正常的，可有70~80年的经济结果年限；但若管理不良或受病虫害、自然灾害影响，有的30年后就明显表现出衰败症状。对衰老树应进行局部或全部更新。局部更新即将主枝或副主枝分3~4年短截先端，留抽生的强壮枝，以枝更新。全部更新即将所有主枝分 2~3 年在其适当高度处锯去，在下部抽生的枝条中选长势强健的作主枝，并选好副主枝和侧枝，抹除过多的萌蘖。这样一般经 2~3 年就能恢复树冠。更新的同时，结合施肥，耕松表土，生泥培土，以促进枝、叶、根的生长，逐步恢复树势。更新时凡大枝锯去后，伤口都要削平，并涂以接蜡或其他防腐剂，促其早日愈合。

第四节　设施栽培

一、塑料大棚的建造

塑料大棚是一种简易实用的保护地栽培设施，由于其建造容易、使用方便、投资较少，被世界各国普遍采用。一般利用竹木、钢材等材料，并覆盖塑料薄膜，搭成拱形棚，能够使作物提早或加快生长，有利于防御自然灾害。当前在果树生产上，大棚主要用于栽培葡萄、草莓、西瓜、甜瓜、桃及柑橘等。

（一）类型　从塑料大棚的结构和建造材料上分析，主要有 3 种类型。

1. 竹木结构　一般大棚的跨度 6~12m、长度 30~60m、肩高 1~1.5m、脊高 1.8~2.5m；按棚宽方向每 2m 设一立柱，立柱粗 6~8cm，顶端形成拱形，地下埋深 50cm，垫砖或绑横木，夯实，将竹片（竿）固定在立柱顶端成拱形，两端加横木埋入地下并夯实；拱架间距 1m，并用纵拉杆连接，形成整体；拱架上覆盖薄膜，拉紧后膜的端头埋在四周的土里拱架间用压膜线或 8 号铅丝、竹竿等压紧薄膜。其优点是取材方便，造价较低，建造容易；缺点是棚内柱子多，遮光率高、作业不方便，寿命短，抗风雪荷载性能差。

2. 焊接钢结构　这种钢结构大棚，拱架是用钢筋、钢管或两种结合焊接而成的平面衍架，上弦用 16mm 钢筋或 6 分管，下弦用 12mm 钢筋，纵拉杆用 9~12mm 钢筋。跨度 8~12m，脊高 2.6~3m，长 30~60m，拱间 1~1.2m。纵向各拱架间用拉杆或斜交式拉杆连接固定形成整体。拱架上覆盖薄膜，拉紧后用压膜线或 8 号铅丝压膜，两端固定在地锚上。

这种结构的大棚，骨架坚固，无中柱，棚内空间大，透光性好，作业方便，是比较好的设施。但这种骨架是涂刷油漆防锈，1~2 年需涂刷一次，比较麻烦，如果维护得好，使用寿命可达 6~7 年。

3. 镀锌钢管装　这种结构的大棚骨架，其拱杆、纵向拉杆、端头立柱均为薄壁钢管，并用专用卡具连接形成整体，所有杆件和卡具均采用热镀锌防锈处理，是工厂化生产的工业产品，已形成标准、规范的 20 多种系列产品。大棚跨度 4~12m，肩高 1~1.8m，脊高 2.5~3.2m，长度 20~60m，拱架间距 0.5~1m，纵向用纵拉杆（管）连接固定成整体。可用卷膜机卷膜通风、保温幕保温、遮阳幕遮阳和降温。

这种大棚为组装式结构，建造方便，并可拆卸迁移，棚内空间大、遮光少、作业方便；有利作物生长；构件抗腐蚀、整体强度高、承受风雪能力强，使用寿命可达 15 年以上，是目前最先进的大棚结构形式。

（二）材料与搭建

下面主要介绍镀锌钢管装配式塑料大棚结构、品种和安装。

1. 覆盖材料

（1）普通膜。以聚乙烯或聚氯乙烯为原料，膜厚 0.1mm，无色透明。使用寿命约为半年。

（2）多功能长寿膜。多功能长寿膜是在聚乙烯吹塑过程中加入适量的防老化料和表面活性剂制成一般宽幅 7.5m、厚 0.06mm，使用寿命比普通膜长一倍，夜间棚温比其他材料高 1~2℃。而且膜不易结水滴，覆盖效果好，成本低、效益高。

（3）草被、草扇。用稻草纺织而成，保温性能好，是夜间保温材料。

（4）聚乙烯高发泡软片。是白色多气泡的塑料软片，宽 1m、厚 0.4~0.5cm，质轻能卷起，保温性与草被相近。

（5）无纺布。无纺布为一种涤纶长丝，不经织纺的布状物。分黑、白两种，并有不同的密度和厚度，除保温外还常作遮阳网用。

（6）遮阳网。一种塑料织丝网。常用的有黑色和银灰色两种，并有数种密度规格，遮光率各有不同。主要用于夏天遮阳防雨，也可作冬天保温覆盖用。

2. 大棚搭建　选择向阳、避风、高燥、排水良好，没有土壤传染性病害的地方搭棚。

（1）大棚建造场地的选择。要选在背风、向阳、土质肥沃、便于排灌、交通方便的地方建造。棚内最好有自来水设备。

（2）大棚的面积。从光、温、水、肥、气、保苗等因素综合考虑，单栋式大棚面积，以 $300~400m^2$ 较为有利。

（3）天棚的宽度。从栽培管理和建棚用材两个方面考虑，要求尽可能做到方便和牢固耐用。单栋式大棚，因冬季时间短、高温季节长、空气相对湿度高等因素，宽以 6~8m 为宜，便于实现综合调节，实现良性管理。其中，钢管拱架组装式单栋大棚宽度多为 10m，少数为 12m；钢筋焊接大棚和竹木大棚、混合结构大棚，多为 14m 宽，少数为 12m。

（4）大棚的高度。大棚的中高和两侧的肩高，直接影响结构的强度、采光、保温、管理操作的性能。钢筋焊接和钢管组装式大棚，一般设计、建造时要考虑曲率问题，要求曲率达 0.15~0.2 才能有较好的抗风、雪和采光性。曲率为高跨比，即曲率 =（顶高-肩高）÷跨度。如，跨度 12m，顶高 3m，肩高 1.2m，则曲率为 0.15，所以，这两种类型的无柱大棚高度多数超过 2m。

（5）大棚的长度。一般以 40~60m 长较为合适，如果有小型机械进行耕作的，则可用跨度 15m、长度达 90m 的镀锌薄壁管作拱架的大棚。

（6）棚间距离。集中连片建造大棚，又是单栋式结构时，两棚之间要保持 2m 以上距离，前后两排距离要保持 4m 以上，以利通风、作业和设排水沟渠，并防止冬季前排对后排遮阳。

（7）大棚抗风、雪力的设计。大棚的雪荷载能力受多种因素影响，如棚体曲率小，积雪不容易自然滑落，势必加重负荷，甚至把棚压趴。假定某地积雪达 30cm 厚时，雪荷载则要求达到 $20~22.5kg/m^2$；某地风力为 8 级时，风速可达 17.3~20.7m/s，则风荷载要能承受 18.3~26.9m/s，才能保证棚体的安全。

（8）大棚的方向。指单栋式大棚东西向延长还是南北向延长，主要从光照强度考虑。一般习惯栽培畦与大棚长向成垂直安排，便于操作。所以，大棚的方向多数为南北向延长，也有以东西向延长，南北畦垄式栽培，其效果略好些。

（三）薄膜维护 扣膜时要尽量避免棚膜的机械损伤，特别是竹架大棚，在扣膜前应先把架表面突出的部分削平，或用旧布包扎好。用弹簧固定时，在卡槽处应加垫一层旧报纸。另外，要注意避免新旧薄膜长期接触，以免加速新膜的老化。薄膜受冻或曝晒，会促进老化，钢管在夏天经太阳曝晒，温度可上升到 60~70℃，从而加速薄膜老化破碎。

二、大棚果园内环境调控

（一）果树光合作用 果树光合作用与有效叶面积、光合能力、光照条件等有关。因此，要提高果树的光合作用就必须着眼于改善光合条件，其具体途径如下。

1.合理整形修剪，改善光照条件 合理整形修剪使树体内的枝叶均匀地分布，每片叶都能见到阳光。控制大枝数量，限制树体高度，如实做到外稀、内实、上稀、下密，树体上下、里外透光良好。另外，通过修剪疏去细弱枝，减少无效叶面积，保留壮枝、壮芽，使叶片大而厚。

2.加强果园管理 加强土、肥、水管理，促使树体健壮时萌发、展叶迅速，而且整齐一致，有利于叶幕尽早形成，能有效地提高光合效率。特别是在增施有机肥的情况下，不仅能壮树，而且可增加二氧化碳的释放量，使光合原料更充足。

3.合理密植 在密植的同时，实行幼树轻剪，以便尽快增加叶面积，增加树冠覆盖率，充分利用光能。等全园树冠覆盖率达到 60％时及时处理辅养枝。

4. 及时防治病虫害 保护叶片完整，防止秋叶衰老。

5. 改善光合环境 如夏季覆草，实行喷灌等，降低温度，保持叶片蒸腾，夏季不出现"午休"现象。

6. 认真疏花疏果 控制枝梢旺长，以减少光合产物的消耗。

（二）设施环境特点与调控 塑料大棚覆盖薄膜后，棚内与棚外完全隔离，棚内的小气候与露地完全不同，因此必须掌握大棚内的特殊气候环境，采用科学的调控措施，以满足果树生产发育所需的条件。

1. 光照 大棚覆盖后，棚内的光照强度比露地要低，影响棚内光照强度的主要因素主要有：薄膜的透光率为 80%~90%，棚架设备的遮光率 10%，薄膜水滴的光照折射率 15%~20%，粉尘污染影响透光 15%~20%，薄膜老化影响透光 20% 以上；严重污染的旧薄膜的透光率可下降到 40% 以下。在生产上要求做到薄膜一年一换；选用无滴防老化的多功能薄膜；改大棚内用小竹竿搭"人"字架为塑料绳垂直牵引；二层膜覆盖要及时揭去，以改善棚内光照条件；清洁薄膜，对于使用超过 1 年的薄膜要清洗表面尘土可以明显增加光照。大棚夏季生产时往往遇到强光照射，造成高温和灼烧危害，可以应用遮光技术。主要作用有：减弱光照强度，防止强光伤害；降低棚内气温、地温，维持果树正常生长条件；防止暴雨袭击。

2. 温度 棚内温度的日变化规律与露地相似，即中午温度最高，半夜温度最低，但白天升温快，由于棚架采用半圆弧形，受光面大，太阳光照射后起聚光作用，升温快，晴天棚内温度可超过 50℃，夜间降温比露地慢，一般棚内的最低温度出现在凌晨 3 时前后，且低温持续的时间短。大棚内的昼夜温差很大；白天，太阳出来后，棚内气温快速上升，傍晚，太阳下山后，棚内气温迅速下降。一般情况下，6m 宽的标准棚夜间棚内最低气温比外界高 1~3℃；大棚内再加盖小拱棚，小拱棚内温度又可提高 2℃ 左右，所以采用多层覆盖+保温幕（帘），可大大提高大棚的保温效果。增大保温比，可减少热消耗。

3. 空气湿度 大棚内的空气湿度白天一般为 70%~90%，夜间常常高达 100%，并凝结成水珠。棚内湿度过大，不仅影响作物的正常生长，造成徒长，而且容易引发多种病害的暴发，如灰霉病、霜霉病等。在草莓大棚栽培中，棚内空气湿度超过 80%，花粉容易黏结散不开，造成授粉不良，形成畸形果。可采用通风换气，强制排出棚内的水蒸气，使棚内的绝对湿度下降；采用全地膜覆盖，抑制土壤表面的水分蒸发，减少棚内湿度来源。采用膜下滴灌技术，控制灌水量。

4. 土壤盐分 由于大棚薄膜的长期覆盖，缺少雨水淋洗，棚内气温升高，土壤水分蒸发较快，使得土壤深层的盐分随水往土表移动并累积于土表，再加上施肥量大，肥料的大量积聚，造成土壤的盐渍化；作物种类单一，连茬次数多，土壤酸碱值增大，土壤病原菌积累增多，病虫害和连作障碍发生严重，严重影响了果树的生长。

防止棚内土壤盐分积累的措施有以下几点：一是正确施用肥料，多施有机肥，控制化肥的使用量，做到平衡施肥。二是采用地膜覆盖，防止土壤水分的蒸发，并结合膜下滴灌技术，防止土壤盐分的上升。三是采用季节性薄膜覆盖栽培，安排休闲或露天种植季节，将薄膜揭去，让雨水淋洗土壤，降低土表的盐分积累。

5. 空气成分　棚内空气与外界的交换受阻，造成棚内空气很不新鲜，氨气（NH_3）、亚硝酸气（NO_2）、二氧化硫（SO_2）等有害气体大大高于外界，而植物光合作用必需的二氧化碳气体则低于外界，严重影响着果树的正常生长，特别是施肥管理不当，还常常引起气害。如棚内氮肥施用过多，在密闭条件下当氨气达到 5mg/kg，亚硝酸气达到 2mg/kg 时，就能直接影响果树生长。氨气主要危害叶绿体，叶色逐渐变成褐色，以致枯死；亚硝酸气重要危害叶肉，成为漂白斑点状，严重时除叶脉外，叶肉都漂白致死。一般施用过量鸡粪、尿素等肥料易产生这些现象。当大棚薄膜内壁水滴 pH 值在 7.2 以上时，室内已产生氨气；当水滴 pH 值在 4.5 以下时，室内已产生亚硝酸气。二氧化硫主要是煤燃烧造成的空气污染，还有未腐熟的粪便及饼肥等分解时释放出来，一旦达到 0.2mg/kg 以上浓度可引起叶绿体解体，叶片漂白甚至坏死。

塑料大棚内夜间由于作物的呼吸作用释放出二氧化物，土壤中有机物的分解和微生物以及活动放出二氧化碳，使棚内二氧化碳浓度高于外界，达 500mg/kg 以上，但日出后，由于植物光合作用旺盛，二氧化碳的浓度迅速下降，在日出后 1h 左右，即早上 7 时多，棚内二氧化碳浓度与棚外基本持平；到 9 时左右，棚内二氧化碳降到 100mg/kg 的临界浓度，如果不及时补充，就会处于二氧化碳饥饿状态，植物几乎不能进行光合作用；此时进行通风换气，棚内的二氧化碳浓度迅速上升，并很快接近外界水平。所以大棚的通风换气，不但对温度、湿度有调节作用，同时对于补充二氧化碳，加强作物光合作用，促进作物的生长发育具有重要的意义，并且还能及时排出有害气体。

复习思考题

1. 怎样制订果苗移栽技术指导书？
2. 果园怎样进行灌溉？
3. 怎样正确采摘水果？
4. 怎样做好老果园和低产果园的改造与更新？
5. 怎样做好大棚果园的环境调控工作？

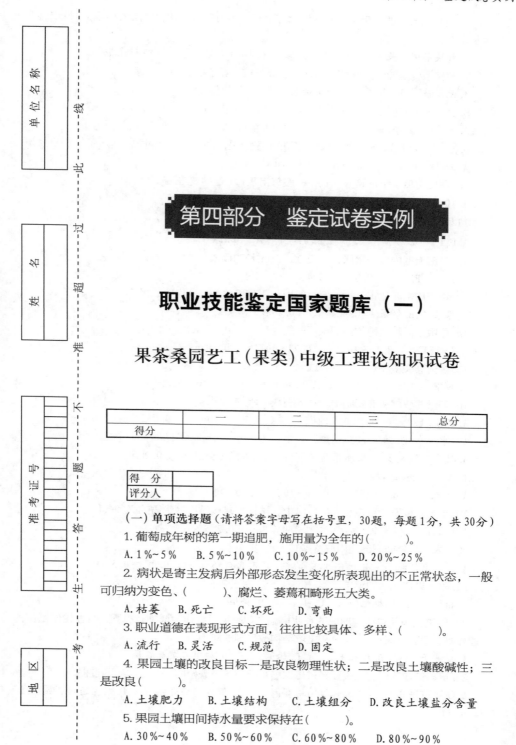

単位名称

姓名

准考证号

地区

此线超过准答题不生考

第四部分　鉴定试卷实例

职业技能鉴定国家题库（一）

果茶桑园艺工(果类)中级工理论知识试卷

得分	一	二	三	总分

得　分	
评分人	

（一）单项选择题（请将答案字母写在括号里，30题，每题1分，共30分）

1. 葡萄成年树的第一期追肥，施用量为全年的（　　　）。

A. 1%~5%　　B. 5%~10%　　C. 10%~15%　　D. 20%~25%

2. 病状是寄主发病后外部形态发生变化所表现出的不正常状态，一般可归纳为变色、（　　　）、腐烂、萎蔫和畸形五大类。

A. 枯萎　　B. 死亡　　C. 坏死　　D. 弯曲

3. 职业道德在表现形式方面，往往比较具体、多样、（　　　）。

A. 流行　　B. 灵活　　C. 规范　　D. 固定

4. 果园土壤的改良目标一是改良物理性状；二是改良土壤酸碱性；三是改良（　　　）。

A. 土壤肥力　　B. 土壤结构　　C. 土壤组分　　D. 改良土壤盐分含量

5. 果园土壤田间持水量要求保持在（　　　）。

A. 30%~40%　　B. 50%~60%　　C. 60%~80%　　D. 80%~90%

6. 生长调节剂的作用主要有调控营养生长；调节花芽分化，控制大小年；调节果实的生长发育；(　　　　)等。

A. 加快果树生长　　B. 增加果实产量　　C. 提高果实质量　　D. 促进生根

7. 疏枝主要是疏除过密枝、强旺枝、徒长枝、竞争枝(　　　　)等。

A. 无果枝　　B. 病枝　　C. 背上徒长枝　　D. 背上直立枝

8. 员工素质主要包含知识、责任心、(　　　　)三个方面。

A. 水平　　B. 事业心　　C. 法律意识　　D. 能力

9. (　　　　)月份是果园各种病虫危害的高发阶段，也是一年中果园病虫防治的重要时期。

A. 3~4　　B. 5~6　　C. 6~8　　D. 9~10

10. 薄皮甜瓜多平地爬蔓生长，一般每亩栽(　　　　)株左右。

A. 700~800　　B. 800~900　　C. 900~1000　　D. 1000~1100

11. 硼砂或硼酸溶液在果树保花保果时喷施的浓度为(　　　　)。

A. 0.1%~0.25%　　B. 1%　　C. 1%~1.5%　　D. 2%

12. 草莓大棚内放养蜜蜂，一般 30~60m 长的棚放(　　　　)箱。

A. 1　　B. 2　　C. 3　　D. 4

13. 霜霉病主要危害叶片，但对新梢、花序和(　　　　)也能危害。

A. 根系　　B. 幼果　　C. 成熟果　　D. 树枝

14. 昆虫生活和繁殖的最适温区一般为(　　　　)。

A. 8~15℃　　B. 15~20℃　　C. 22~30℃　　D. 30~35℃

15. 桃树套袋多在(　　　　)完成。

A. 4/下~5/上　　B. 5/中~6/上　　C. 6/中~6/下　　D. 7/上~7/中

16. 等量式波尔多液配制硫酸铜：石灰：水的比例为(　　　　)。

A. 1:1:100　　B. 1:0.5:100　　C. 0.5:1:100　　D. 0.5:0.5:100

17. 水果常规贮藏应注意两点，一是(　　　　)，二是贮藏时间不宜过长。

A. 数量不能太多　　B. 水果质量要好　　C. 不能完全成熟　　D. 通风

18. 杨梅一般每亩栽(　　　　)株。

A. 16~33　　B. 35~55　　C. 60~70　　D. 80~90

19. 土壤有机质含量在(　　　　)以上，被认为是果园稳产优质的必须条件。

A. 1.0%　　B. 1.5%　　C. 2.0%　　D. 2.5%

20. 尿素根外施肥的施用浓度是(　　　　)。

A. 0.1~0.3%　　B. 0.6~0.8%　　C. 1.0~1.5%　　D. 0.3~0.5%

21. 落叶果树包括如苹果、梨、(　　　　)、葡萄等。

A. 柑橘　　B. 枇杷　　C. 桃　　D. 杨梅

22. 促进土壤团粒结构形成的农业措施主要有精耕细作、增施有机肥；合理轮作倒茬；合理灌溉、适时耕耘；(　　　　)和土壤结构改良剂的应用。

A. 掺沙子　　B. 加客土　　C. 休闲　　D. 施用石灰及石膏

23. 草莓匍匐茎育苗一般要经过母株培育园→子苗繁殖园→(　　　　)的过程。

A. 组培苗培育园　　B. 嫁接苗培育园　　C. 假植苗培育园　　D. 实生苗培育园

24. 臭氧在冷库杀菌、保鲜、防霉分三个阶段：（　　　　）、入库杀菌、保鲜和日常防霉，目的是减少霉菌、酵母菌造成的腐烂。

A. 产品消毒　　　B. 环境消毒　　　C. 空库杀菌、消毒　　　D. 人员杀菌、消毒

25. 在海拔 1000m 以下，垂直升高 100m，气温下降（　　　　）。

A. 0.2~0.5℃　　B. 0.6~0.8℃　　C. 0.8~1.0℃　　D. 1.0~1.2℃

26. 果树疏花疏果的原则是先疏花枝，后（　　　　），再疏果、定果。

A. 疏枝　　　B. 疏梢　　　C. 疏花蕾　　　D. 疏枝芽

27. 水果冷藏温度范围为（　　　　）。

A. 0~5℃　　　B. 0~10℃　　　C. 0~15℃　　　D. 5~15℃

28. 影响昆虫发生期和发生量的主要环境因素有非生物因素和（　　　　）两类。

A. 经济条件　　　B. 社会环境　　　C. 生物因素　　　D. 人为因素

29. 引起传染性病害的病原物的种类主要有真菌、细菌、病毒、线虫和（　　　　）等。

A. 土壤因素　　　B. 气候因素　　　C. 人为因素　　　D. 寄生性种子植物

30. 杨梅实生苗一般于（　　　　）播种。

A. 7/下~8/上　　　B. 8/下~9/上　　　C. 9/下~10/上　　　D. 10/下~11/上

得　分	
评分人	

（二）**多项选择题**（请将答案字母写在括号里，20题，只有全部选对才能得分，多选或少选均不得分，每题2.5分，共50分）

1. 果树在其整个生命周期中要经历（　　　　）等时期。

A. 幼树期　　B. 衰老期　　C. 死亡期　　D. 结果期　　E. 更新期

2. 职业道德规范要求各行各业的从业人员，都要团结（　　　　），齐心协力地为发展本行业、本职业服务。

A. 互助　　B. 友爱　　C. 奋进　　D. 爱岗　　E. 敬业

3. 桃树芽接方式有（　　　　）等。

A. 硬枝嫁接　　B. "丁"字形芽接　　C. 贴皮芽接　　D. 方块芽接　　E. 绿枝嫁接

4. 果树的优良品种的要求是（　　　　），生育期适宜。

A. 较高的经济效益　　　B. 抗逆性强　　　C. 适应性广

D. 较高的果实品质　　　E. 获得高额而稳定的产量

5. 职业道德总是从本职业的交流活动的实际出发，采用承诺、（　　　　），以至于标语口号之类的形式。

A. 制度　　B. 守则　　C. 公约　　D. 誓言　　E. 条例

6. 农药按防治对象分为（　　　　）等。

A. 杀虫剂　　B. 杀菌剂　　C. 除草剂　　D. 引诱剂　　E. 杀鼠剂

7. 喷灌一般由（　　　　）等组成。

A. 水源　　B. 动力机械　　C. 水泵　　D. 干管　　E. 支管

8. 果树基本修剪方法包括疏剪、长放、曲枝、刻伤、抹芽、剪梢、扭（枝）梢、拿枝（　　　　）等。

A. 短截　　B. 环剥　　C. 疏梢　　D. 缩剪　　E. 摘心

9. 聚复果类包括( )等。

A. 葡萄　　B. 桑葚　　C. 草莓　　D. 树菠萝　　E. 蕃荔枝

10. 柑橘病毒病目前已知有( )温州蜜柑萎缩病、鳞皮病等。

A. 黄龙病　　B. 裂皮病　　C. 碎叶病　　D. 衰退病　　E. 脉突病

11. 土壤消毒的具体方法有( )等办法。

A. 化学消毒法　　B. 生物消毒法　　C. 利用太阳能高温消毒法　　D. 深耕　　E. 合理轮种

12. 在害虫防治时,应从以下几个方面( ),选择最佳的防治时间。

A. 选择害虫低龄时进行防治　　B. 准确选择用药,适时用药　　C. 在害虫在田间扩散前用药　　D. 喷药彻底、交替使用　　E. 对营钻蛀性的害虫必须在蛀入前防治

13. 柑橘的优良品种包括( )。

A. 宽皮柑橘类　　B. 甜橙类　　C. 柚类　　D. 杂柑类　　E. 橘类

14. 芽是由叶、花的原始体和生长点、( )构成的。

A. 鳞片　　B. 枝的原始体和生长点　　C. 花　　D. 过渡叶　　E. 苞片

15. 果树贮藏营养主要包括( )两大类。

A. 碳水化合物　　B. 有机碳化物　　C. 无机氮化物　　D. 有机氮化物　　E. 无机碳化物

16. 果树常见的定植方式有( )和等高栽植。

A. 多边形栽植　　B. 长方形栽植　　C. 三角形栽植　　D. 带状栽植　　E. 正方形栽植

17. 提高果树贮藏营养的方法主要有( )。

A. 合理修剪　　B. 早秋施足基肥　　C. 适时采收　　D. 根外追肥

E. 加强叶部病虫害防治

18. 土壤由( )组成。

A. 土壤空气　　B. 水分　　C. 微生物　　D. 有机质　　E. 矿物质

19. 翠冠为主栽品种,可选择( )等作授粉品种。

A. 新世纪　　B. 清香　　C. 黄花　　D. 脆绿　　E. 雪青

20. 果树根系由( )构成。

A. 主根　　B. 直根系　　C. 侧根　　D. 须根系　　E. 须根

得　分	
评分人	

(三)是非题(请将答案√或 ×写在题后括号,10题,每题2分,共20分)

1. 危害果树的昆虫按其口器类型可分为咀嚼式害虫和刺吸式害虫两类。( )

2. 留种园夏季田间管理主要工作是夏剪和施萌芽肥。( )

3. 燕红是草莓的优良品种。( )

4. 果实接近成熟时的土壤湿度以田间持水量的50%~60%为宜。( )

5. 苗木生长1~2年后,就要对根系进行修剪,使起苗时根系更为发达,移栽时更易于成活。( )

6. 浙江主要土壤类型有红壤、黄壤、水稻土、潮土和滨海盐土、紫色土、石灰土、粗骨土等。( )

7. 疮痂病主要危害果实,也危害叶片和幼果。( )

8. 葡萄插条要求枝条粗壮呈圆形,直径不少于0.6cm,不大于1.0cm。( )

9. 梨小食心虫主要危害桃、梨、杏、樱桃、苹果等果实。( )

10. 甜瓜根系比较发达，耐旱不耐湿。( )

附：果茶桑园艺工（果类）中级工理论知识试卷（标准答案）

（一）单项选择题（请将答案字母写在括号里，30题，每题1分，共30分）

1.B	2.C	3.B	4.D	5.C	6.D
7.D	8.D	9.C	10.C	11.A	12.A
13.B	14.C	15.B	16.A	17.D	18.A
19.C	20.D	21.C	22.D	23.C	24.C
25.B	26.C	27.C	28.C	29.D	30.C

（二）多项选择题（请将答案字母写在括号里，20题，只有全部选对才能得分，多选或少选均不得分，每题2.5分，共50分）

1. ABD	2. ADE	3. BCD	4.BCDE
5. ABCDE	6. ABCE	7. ABCDE	8. ABCDE
9. BDE	10. ABCDE	11. ACE	12. ACE
13. ABCD	14. ABDE	15. AD	16. BCE
17.ABCDE	18. ABCDE	19. BCDE	20. ACE

（三）是非题（请将答案√或 ×写在题后括号，10题，每题2分，共20分）

1.√	2.×	3.×	4.√	5.√
6.√	7.×	8.√	9.√	10.√

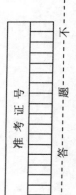

职业技能鉴定国家题库（二）

果茶桑园艺工（果类）中级工技能考核试卷

	一	二	三	总分
得分				

（一）写出成年柑橘夏季修剪的具体内容（30分）。

（二）写出桃树芽接的时间和主要方式（30分）。

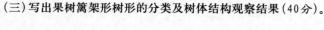

（三）写出果树篱架形树形的分类及树体结构观察结果（40分）。

附：中级工操作技能考核评分记录表

中级工操作技能考核评分记录表

姓名_____ 学号_____ 得分_____

题目	评分标准	分数	得分
一	内容错误	0	
	内容基本正确	10	
	内容较正确	20	
	内容完全正确	30	
二	时间和主要方式错误	0	
	时间正确，主要方式错误	10	
	时间正确，主要方式基本正确	20	
	时间和主要方式正确	30	
三	分类不完整，观察记录错误	0	
	分类完整，观察记录错误	10	
	分类不完整，观察记录正确	25	
	观察记录及分类正确	40	
合　　计		100	

参考文献

[1] 毛军需，张金良，李留相. 农业气象 [M]. 北京：气象出版社，1996，04.

[2] 郭学义，任 吟. 果树园艺工 [M]. 北京：科学普及出版社，2012，02.

[3] 陈 军. 果树生长与土壤条件的关系探析 [J]. 现代农业科技，2010，09，155~156.

[4] 徐孝银. 浙江果品生产新技术 [M]. 北京：中国农业科技出版社，2001，06.

[5] 黄德灵. 果树栽培学各论 [M]. 北京：中国农业出版社，2007，07.

[6] 李三玉. 果树 [M]. 杭州：浙江科学科技出版社，1991，03.

[7] 杨治元. 浙江葡萄实用栽培技术 [M]. 北京：中国农业科技出版社，2002，07.

[8] 陈履荣. 葡萄 [M]. 北京：中国农业科技出版社，2004，02.

[9] 胡征令. 桃 [M]. 北京：中国农业科技出版社，2004，02.

[10] 徐建国. 柑橘 [M]. 北京：中国农业科技出版社，2004，02.

[11] 陈晓浪. 蜜梨 [M]. 北京：中国农业科技出版社，2004，02.

[12] 李三玉. 杨梅 [M]. 北京：中国农业科技出版社，2004，02.

[13] 朱振林. 草莓 [M]. 北京：中国农业科技出版社，2004，02.